ÉCRIRE COMME ON

Écrire comme on aimerait lire est un ouvrage destiné à des étudiants avancés de français. Il vise à étendre les connaissances en matière de vocabulaire et de style afin de libérer l'écriture. Il s'articule autour de quatre axes : la précision lexicale, l'amélioration des phrases, l'emploi des figures de style et la bonne compréhension des dénotations et connotations. En tant que tel, il sera aussi un outil de référence pour la traduction de la L1 vers la L2.

Cet ouvrage vise les étudiants de français des niveaux DALF C1 et C2 du CECRL (Cadre Européen Commun de Référence pour les Langues) et ceux au niveau Advanced High de l'échelle des compétences de ACTFL (the American Council for the Teaching of Foreign Languages).

Catherine Black est professeure agrégée au Département de français de l'université Simon Fraser. Littéraire et didacticienne de formation, elle se spécialise en pédagogie du FLE. Ses recherches portent sur la motivation, les approches innovatrices (dont le théâtre) pour l'enseignement des langues et sur l'utilisation de la L1 dans les cours d'écrit en L2. Elle est la récipiendaire de plusieurs prix d'enseignement.

Louise Chaput enseigne le français au Département Master of Public Service à l'Université de Waterloo. Elle a contribué à la promotion de la langue française et à la diffusion de ses cultures en milieu minoritaire dans différentes universités du Canada. Ses recherches portent sur la sociolinguistique et l'évolution de l'écriture journalistique.

ÉCRIRE COMME ON AIMERAIT LIRE

Parfaire ses compétences et son style

Catherine Black et Louise Chaput

Routledge
Taylor & Francis Group

LONDON AND NEW YORK

First published 2020
by Routledge
2 Park Square, Milton Park, Abingdon, Oxon OX14 4RN

and by Routledge
52 Vanderbilt Avenue, New York, NY 10017

Routledge is an imprint of the Taylor & Francis Group, an informa business

British Library Cataloguing-in-Publication Data
A catalogue record for this book is available from the British Library

Library of Congress Cataloging-in-Publication Data
Names: Black, Catherine, 1954– author. | Chaput, Louise, 1959– author.
Title: Écrire comme on aimerait lire : parfaire ses compétences et son style / Catherine Black and Louise Chaput.
Description: 1. | New York : Routledge, 2020. |
Includes bibliographical references.
Identifiers: LCCN 2019053701 (print) | LCCN 2019053702 (ebook) |
ISBN 9780367187354 (hardback) | ISBN 9780367187378 (paperback) |
ISBN 9780429197949 (ebook)
Subjects: LCSH: French language—Style. | Discourse analysis, Literary.
Classification: LCC PC2410 .B56 2020 (print) |
LCC PC2410 (ebook) | DDC 808/.0441—dc23
LC record available at https://lccn.loc.gov/2019053701
LC ebook record available at https://lccn.loc.gov/2019053702

ISBN: 978-0-367-18735-4 (hbk)
ISBN: 978-0-367-18737-8 (pbk)
ISBN: 978-0-429-19794-9 (ebk)

Typeset in Bembo
by codeMantra

À la mémoire de Benoît Fortin (1921–2017)

Remerciements à Hélène Knoerr
Catherine Paradis
Paul Pelletier
Et Eszter Carrat

TABLE DES MATIÈRES

PRÉFACE

La stylistique n'est plus vraiment au goût du jour. Actuellement, peu de cours d'écrit se focalisent sur l'amélioration du style. Pourtant, il semble important d'apprendre aux étudiants de français langue seconde ou étrangère à éviter les lourdeurs, les impropriétés, les répétitions, les mots plats, et à choisir les expressions ou les mots pour le bon contexte. Benoît Fortin et Hélène Knoerr avaient bien compris cette nécessité et avaient écrit *FLS Stylistique* (1994). Cet ouvrage n'étant malheureusement plus disponible, nous avons repris les concepts de base, nous les avons modifiés et complétés avec de nouveaux exemples.

Le manuel se situe entre le niveau C1 (parties I et II) et C2 (parties III et IV) du Cadre européen commun de référence pour les langues. Il se compose de quatre parties distinctes : la première porte sur la précision du vocabulaire (mots simples et expressions) en encourageant les apprenants à remplacer les mots plats tels que : *avoir, être, dire, faire, mettre, devenir et chose* par des formes nominales, adjectivales ou verbales; la seconde aborde l'allègement de textes lourds remplis de propositions relatives ou conjonctives et souvent jonchés de formes passives et de négations; la troisième se concentre sur le style avec la compréhension des figures de style et enfin la quatrième traite du sens des mots, avec la dénotation et la connotation; elle aborde ensuite les nuances de sens au niveau du mot et le recours aux synonymes et aux cooccurrences pour enrichir les textes créatifs.

On remarque que la structure de ce manuel permet de passer du plus simple (le mot) au plus complexe (les figures de style et le sens des mots) indiquant ainsi une nette progression de l'apprentissage. Cette progression dans les tâches reprend certains éléments de la taxonomie de Bloom, à savoir : le repérage de l'information, son traitement dans les exercices de substitution et enfin la sélection et le transfert des nouvelles connaissances.

La nouveauté de ce manuel conçu pour l'amélioration du style à l'écrit consiste en l'utilisation de la *traduction inversée* dans les exercices de reformulation

de texte à la fin de chaque section des parties I et II. Cela peut sembler para-
doxal surtout que les approches communicative et naturelle l'avaient de la salle
de classe en raison des interférences qu'elle pourrait justement causer. Cependant,
De Carlo (2006) ne voit pas la traduction comme un simple outil de compréhension, mais plutôt comme un outil d'analyse permettant de comparer, critiquer et
réfléchir sur le message du texte de départ. C'est cet aspect qui est particulièrement pertinent dans le contexte d'un cours d'écrit. En effet, la traduction (vers
la L1) du texte de départ écrit en L2 permet à l'apprenant de saisir les nuances
de sens, de découvrir la meilleure façon de les exprimer dans les deux langues et
par la suite de reformuler le texte de départ. De plus, Guy Cook (2010) a montré
que les étudiants passent la plupart du temps par la traduction pour bien saisir les
nuances et mieux comprendre le texte dans la langue-cible. Alors pourquoi ne
pas l'utiliser.

Pour cela, nous recommandons l'usage de dictionnaires. Même si cela peut
paraître archaïque d'utiliser des dictionnaires, la plupart de ceux que nous recommandons sont en ligne et donc faciles d'accès. Voir partie 4, p.100, les différentes
ressources en ligne (dictionnaires, logiciel correcteur pour faciliter la tâche des
apprenants).

Enfin, ajoutons qu'il est possible de travailler avec ce manuel de façon non
linéaire en fonction des niveaux des apprenants. De plus, il existe un corrigé des
exercices disponibles auprès de la maison d'édition si l'on vise le travail autonome
des apprenants.

PARTIE I
Précision du vocabulaire

Cette première partie traite de la précision. Trop souvent, par ignorance ou paresse, on a recours, à l'écrit ou à l'oral, à des verbes, expressions ou mots si peu précis qu'ils manquent de couleur. Dans cette partie, nous allons voir comment trouver « le mot juste » grâce à certaines techniques de substitution. Nous apprendrons à remplacer les verbes et mots passe-partout tels que : *avoir, être, dire, faire, mettre, aller, devenir, chose* et les adverbes lourds.

À la fin de chaque section se trouve une reformulation de texte. C'est dans ce type d'exercice que la *traduction inversée* (mentionnée dans la préface) va entrer en jeu. Ce micro-enseignement procède en étapes. Dans un premier temps, il faudra souligner les instances du mot à remplacer et immédiatement penser à une substitution possible en français ou en anglais. Si le mot substitué est en anglais, se questionner pour savoir si c'est le terme le plus approprié dans le contexte du texte. Dans un deuxième temps, traduire tout le texte en anglais en s'attachant à le rendre agréable à lire. Enfin, dans un troisième temps, le retraduire en français en tenant compte des changements stylistiques effectués en anglais. Comparer avec le texte original et voir quels changements ont été apportés. La *traduction inversée* est donc un outil d'analyse permettant de comparer, critiquer et réfléchir sur le texte de départ et de l'améliorer.

1.1

REMPLACEMENT DE *AVOIR*

Sensibilisation

Le verbe « avoir » est un verbe passe-partout. On l'emploie par simplicité, paresse ou ignorance. On le trouve seul ou avec un adverbe dans des locutions.

Par simplicité, on dira : *Elle a des amis chez elle ce soir*; mais que veut-on dire par cela? Les amis sont-ils en visite? Les a-t-elle invités à dîner, à une partie de bridge? Pour une autre raison?

Le contexte est déterminant. Hors contexte, les possibilités sont variées. Ainsi, on pourra dire :

- *Elle reçoit des amis ce soir* (pour passer un bon moment).
- *Elle organise un bridge avec des amis ce soir* (pour jouer).
- *Elle invite des amis ce soir* (pour manger).
- *Elle rencontre des amis ce soir* (pour aller au cinéma …).
- *Elle réunit des amis ce soir* (pour fêter quelqu'un; ou pour discuter de quelque chose d'important).
- *Elle s'entoure d'amis ce soir* (pour avoir de la compagnie).

Trouver ces nuances exige de s'entourer de bons outils (dictionnaires de cooccurrences, dictionnaires unilingues et bilingues, dictionnaires de synonymes)[1].

Dans ce premier chapitre, nous allons remplacer le verbe « avoir » seul, puis employé dans la locution « il y a » ou encore dans des locutions verbales.

Mais avant, il faut se mettre dans l'ambiance en quelque sorte. Pour cela, il faut effectuer un peu de recherche sur les divers sens du verbe « avoir ». Des exercices suivront dans lesquels vous devrez choisir le terme de remplacement approprié.

---

1 Pour une liste des ressources en ligne, voir à la fin de l'ouvrage.

Une fois ces termes identifiés, vous devrez expliquer les nuances d'emploi en fonction des contextes. Il est évident que vous ne serez pas en mesure de voir toutes les utilisations possibles du verbe « avoir » et celles des verbes de remplacement. Ce qui importe dans les exercices suivants est que vous réfléchissiez au contexte afin de trouver la meilleure solution.

Objectifs d'apprentissage

À la fin de cette section, vous pourrez :

- remplacer le verbe « avoir » avec des locutions ou des verbes plus précis;
- apprécier les nuances de sens en fonction des contextes;
- reformuler un texte pour éviter le verbe « avoir »;

AVOIR employé seul

Exercice 1

Consultez l'entrée « avoir » dans un dictionnaire unilingue. Lisez la rubrique avec soin et en entier, puis trouvez des verbes synonymes parmi les verbes proposés pour remplacer « avoir employé seul, c'est-à-dire sans préposition ou sans être accompagné d'une locution ».

Rappel : Une locution est un groupe figé de mots ayant une valeur et/ou sémantique. On distingue les locutions verbales (= faire grâce à), les locations nominales (= une mise en jeu) et les locutions adverbiales (= tout de suite). Faire l'exercice comme l'exemple.

Exemple : *Elle a un chalet à la montagne. = Elle est en possession d'un chalet à la montagne. = Elle **possède** un chalet à la montagne.*

1. Avoir son passeport sur soi =
2. Avoir le droit de vote =
3. Avoir deux mètres de haut =
4. Avoir un chapeau sur la tête =
5. Avoir une douleur au genou =
6. Avoir un prix d'excellence =
7. Avoir de la tristesse =
8. Avoir un bon métier =
9. Avoir une grande influence =
10. Avoir quelqu'un (emploi familier) =

AVOIR dans les locutions

Exercice 2

À l'aide d'un dictionnaire unilingue, trouvez les *cinq verbes* synonymes de « avoir » pour le remplacer lorsqu'il est employé dans des locutions comme ci-dessous.

Exemple : *Avoir peur = craindre*

1.   Avoir l'air de =
2.   Avoir lieu =
3.   Avoir confiance en =
4.   Avoir besoin de =
5.   Avoir (pris) connaissance de =

AVOIR employé avec des locutions et adverbes

Exercice 3

En utilisant un dictionnaire unilingue, trouvez <u>trois ou quatre verbes</u> synonymes de « avoir » pour le remplacer lorsqu'il est employé dans des locutions avec un adverbe comme ci-dessous.

Exemple : *Avoir très peur = mourir de peur.*

1.   Avoir très froid =
2.   Avoir très chaud =
3.   Avoir très envie de =

AVOIR dans « il y a »

On utilise « il y a » surtout dans des contextes descriptifs. C'est encore une fois une solution de facilité, une solution passe-partout. Toutefois, elle manque de précision et de nuances.

Ainsi, on trouvera la phrase suivante : *Sur la colonne en marbre, il y a une vigne.* On a donc : Complément circonstanciel de lieu + il y a.

On peut remplacer « il y a » avec un verbe plus descriptif, plus précis. Bien entendu, il existe plusieurs verbes. Chacun apportera une nuance.

NOTER : Si la phrase commence par le complément circonstanciel de lieu, on se contentera d'employer un autre verbe sans changer la structure de la phrase.

Exemples : *Sur cette colonne en marbre, il y a une vigne sauvage.*

Sur cette colonne en marbre, grimpe/s'accroche/pousse une vigne sauvage.

Par contre, si « il y a » débute la phrase, cela nécessitera un changement dans l'ordre des mots.

Exemples : *Il y a une vigne sauvage sur la colonne en marbre.*

Une vigne sauvage s'accroche à la colonne en marbre.

Une vigne sauvage s'enroule autour de la colonne en marbre.

Exercice 4

Trouvez des verbes plus précis pour améliorer les phrases suivantes. Il se peut qu'il y ait plusieurs possibilités comme dans les exemples ci-dessus. Attention à la place du complément circonstanciel de lieu.

1. Dans ce verre, il y a du champagne. =
2. Dans la plaine, il y a un vent glacial. =
3. Il y a des millions de dollars dans les coffres de la banque. =
4. Sur ce terrain, il y a des érables. =
5. Au bout de la canne à pêche, il y a un ver de terre (deux possibilités). =
6. Dans le ciel, il y a un aigle (deux possibilités). =
7. Il y a des curieux à la fenêtre. =
8. Au sommet de la tour, il y a un drapeau. =
9. Il y a une rangée de lilas de chaque côté du chemin. =
10. Sur sa joue, il y a une larme. =
11. Sur son front, il y a de la sueur. =
12. Il y a beaucoup de voitures sur l'autoroute. =
13. Dans la mare, il y a une eau pestilentielle. =
14. Dans l'étang, il y a des canards. =
15. Dans ce pays, il y a une terrible famine. =

Compréhension des nuances

Exercice 5

En vous servant d'un dictionnaire unilingue, expliquez les différences de sens, les nuances de sens des verbes équivalents au verbe « avoir ».

   Exemples : *Cet écrivain a un talent fou :*
   - *Cet écrivain possède un talent fou (c'est une qualité).*
   - *Cet écrivain jouit d'un talent fou (il profite de son talent).*

1. J'ai des amis chez moi :
   - J'héberge des amis …
   - Je loge des amis …
   - Je reçois des amis …
2. Cette rose a un parfum délicieux :
   - Cette rose exhale un parfum …
   - Cette rose dégage un parfum …
3. Les premiers colons ont eu des moments très pénibles dans leur vie :
   - Les premiers colons ont vécu des moments …
   - Les premiers colons ont connu des moments …
   - Les premiers colons ont traversé des moments …
4. Ce meuble a une épaisse couche de vernis :
   - Une épaisse couche de vernis recouvre ce meuble.
   - Une épaisse couche de vernis protège ce meuble.
5. La Somalie a une famine sans précédent :
   - Une famine sans précédent accable la Somalie.
   - Une famine sans précédent ravage la Somalie.

Reformulation de texte

Il est temps de passer à la reformulation d'un petit paragraphe contenant de nombreuses instances du verbe « avoir ». Il est possible de modifier la structure des phrases, le cas échéant. Dans un premier temps, soulignez les instances du verbe « avoir ». Remplacez-les avec les verbes français ou anglais qui vous viennent immédiatement en tête. S'ils sont en anglais, cherchez la meilleure traduction possible en français. Dans un deuxième temps, vous pouvez traduire tout le texte en anglais en vous attachant à le rendre agréable à lire. Enfin, dans un troisième temps, retraduisez-le en français en tenant compte des changements stylistiques que vous avez effectués en anglais. Comparez avec le texte original. Réfléchissez sur le processus.

Dans le conte de fées « Blanche Neige » il y a une petite princesse qui n'a plus de parents. Elle a le teint blanc comme la neige et elle a les lèvres rouges comme des cerises et elle a les cheveux noirs comme l'ébène. Elle vit dans le château avec sa méchante belle-mère. Dans le château, il y a un miroir magique et tous les jours la reine lui demande si elle est la plus belle. Un jour, le miroir a une réponse différente. Il dit que c'est Blanche-neige. La reine a une crise de colère et décide de faire assassiner la jeune princesse. Elle demande à un de ses chasseurs d'emmener Blanche-neige dans la forêt et de la tuer. Elle a une grande influence sur lui et comme elle a un pouvoir absolu, le chasseur doit lui obéir. Mais, une fois dans la forêt, celui-ci n'a pas le courage de tuer la princesse. Il la laisse s'enfuir …

On pourrait aussi mettre le texte au passé comme dans les contes de fées (passé simple) ou encore utiliser le plus-que-parfait à la place du passé simple. M. Grevisse (1969, p. 676, §727) justifie cet emploi en disant que : « Le plus-que-parfait s'emploie parfois avec une valeur de parfait pour exprimer un fait passé par rapport au moment présent; dans ce cas, le moment présent est en quelque sorte considéré comme déjà tombé dans le passé ».

1.2

REMPLACEMENT DE *ÊTRE*

Sensibilisation

Tout comme « avoir », le verbe « être » est un verbe passe-partout. On le rencontre avec des prépositions, suivi d'un adjectif ou d'un nom et dans des tournures impersonnelles.

Le contexte est aussi déterminant dans le choix du verbe de remplacement. Observons la phrase suivante : *Elle est sur un cheval fougueux.* Mais que veut-on dire par cela? Les possibilités sont variées :

- Est-elle assise sur un cheval fougueux?
- Galope-t-elle sur un cheval fougueux?
- Monte-t-elle un cheval fougueux?
- Fait-elle du dressage sur un cheval fougueux?

Trouver ces nuances exige de s'entourer de bons outils (dictionnaires de cooccurrences, dictionnaires unilingues et bilingues, dictionnaires de synonymes).

Dans ce chapitre, nous allons remplacer le verbe « être » seul, avec des prépositions, avec des adjectifs, avec des noms et avec des tournures impersonnelles.

Mais avant, il faut se mettre dans l'ambiance en quelque sorte. Pour cela, il faut effectuer un peu de recherche sur les divers sens du verbe « être ». Des exercices suivront dans lesquels vous devrez choisir le terme de remplacement approprié. Une fois ces termes identifiés, vous devrez expliquer les nuances d'emploi en fonction des contextes. Il est évident que vous ne serez pas en mesure de voir toutes les utilisations possibles du verbe « être » et celles des verbes de remplacement.

Ce qui importe dans les exercices suivants est que vous réfléchissiez au contexte afin de trouver la meilleure solution.

Objectifs d'apprentissage

À la fin de cette section, vous pourrez :

- remplacer le verbe « être » par des verbes plus précis.
- apprécier les nuances de sens en fonction des contextes.
- reformuler un texte pour éviter le verbe « être ».

ÊTRE + préposition

Exercice 1

Consultez l'entrée « être » dans un dictionnaire unilingue. Lisez la rubrique avec soin et en entier, puis écrivez ci-dessous <u>plusieurs verbes</u> synonymes pour remplacer le verbe « être » employé avec une préposition. Donnez ensuite un exemple pour chaque entrée.

Exemple : *Être à = appartenir. Ce livre est à moi. Ce livre m'appartient.*

1. Être de =
2. Être sans =
3. Être pour =
4. Être contre =
5. Être devant =
6. Être derrière =
7. Être en + (vêtement) =
8. Être

Dans l'exercice ci-dessous, on remplace l'ensemble « être + préposition » par un verbe unique synonyme. La structure de la phrase ne subit qu'une légère modification.

La préposition constitue l'indice majeur pour trouver le verbe de remplacement. Si on consulte un dictionnaire, on voit que, dans l'exemple ci-dessous, « <u>être avant</u> » dans un contexte d'espace signifie « précéder » et se construit avec un COD.

Exemple : *Le sujet <u>est avant</u> le verbe. Le sujet <u>précède</u> le verbe.*

Exercice 2

Améliorez les phrases en suivant le modèle ci-dessus.

1. Des rides sont sur le front de la vieille femme.
2. Un pont gigantesque est sur ce fleuve.
3. De beaux meubles anciens sont dans le salon du château.
4. La tristesse est dans son cœur.
5. Cette tour est au-dessus de la ville.
6. Une haie de lilas est le long de la route.
7. Le directeur commercial est pour ce projet.
8. Le Conseil municipal est contre cette décision.
9. Un épais brouillard est autour de la ville. (deux possibilités)
10. En automne, les feuilles mortes sont sur le sol.

Le même principe s'applique à des verbes construits sans COD.

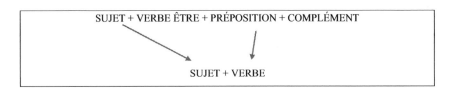

SUJET + VERBE ÊTRE + PRÉPOSITION + COMPLÉMENT

SUJET + VERBE

Exemple : *La cote de popularité du premier ministre <u>est en baisse.</u> La cote de popularité du premier ministre <u>baisse</u> (diminue).*

Exercice 3

Appliquez le même principe aux trois phrases suivantes.

1. La température est en hausse.
2. La pendule de la classe est en retard.
3. Ma montre est en avance.

ÊTRE + adjectif

Lorsqu'on rencontre « être » suivi directement d'un adjectif, Il faut se demander s'il est employé seul ou avec d'autres mots. Dans le premier cas, il est presque impossible de remplacer le verbe « être ».

Dans le cas où l'adjectif fait partie d'une forme au comparatif, il sera possible de remplacer le tout par un verbe unique, sans changer la structure de la phrase.

Le verbe sera déterminé par le sens de l'adjectif.

Exemple : *Le nombre d'étudiants est de plus en plus grand. Le nombre d'étudiants grandit (augmente).*

Exercice 4

Transformez les phrases suivantes comme dans le modèle ci-dessus.

1. À l'approche de la tempête, les nuages sont de plus en plus noirs.
2. Les risques de sécheresse sont plus petits (sont moindres) cette année.
3. La foule des manifestants est de plus en plus grosse d'heure en heure.
4. Vos résultats sont meilleurs ce semestre.
5. Ce joueur de tennis australien est nettement supérieur à son rival italien.

ÊTRE + nom

Si « être » est suivi d'un groupe nominal (nom + complément du nom introduit par la préposition « de »), plusieurs transformations sont possibles pour améliorer la phrase.

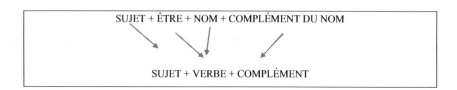

Dans la formule ci-dessus, le nom disparaît. Il est absorbé dans le nouveau verbe qui en garde le sens, et les autres éléments de la phrase demeurent à la même place.

Exemple : *Le drapeau est l'image d'une nation. Le drapeau reflète une nation.*

Exercice 5

Améliorez les phrases suivantes en suivant l'exemple ci-dessus.

1. Vous êtes professeure de français.
2. Dans sa jeunesse, mon oncle était vendeur de voitures.

3. Cette maison est la propriété de l'État.
4. De plus en plus d'accidents sont la conséquence de l'inattention.
5. Un acte criminel est à l'origine de l'incendie à Athènes.

Les tournures impersonnelles avec ÊTRE

Les tournures impersonnelles du type « il est + adjectif » ou « c'est + adjectif » sont plus riches que celles avec « il y a », mais elles peuvent devenir répétitives et alourdir le texte. On les remplacera à l'aide de l'une des formules suivantes, selon le cas.

La solution la plus simple consiste à remplacer le verbe « être » par un autre verbe dérivé de l'adjectif ou synonyme de la tournure impersonnelle.

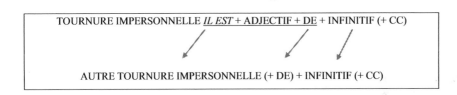

Exemples : *Il est important de* réagir avec sang-froid en cas d'accident.
Il importe de réagir avec sang-froid en cas d'accident.
Il est nécessaire de modifier la réservation de l'hôtel.
Il faut modifier la réservation de l'hôtel.

Exercice 6

Réécrivez les phrases suivantes avec des tournures impersonnelles n'utilisant pas le verbe « être ».

1. Il est impératif de donner une réponse avant demain.
2. Il est préférable de partir avant la nuit.
3. Il est indispensable de remplir ce formulaire pour obtenir un entretien.

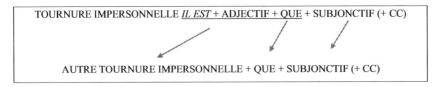

Afin d'éviter les répétitions, il est toujours possible de remplacer la tournure impersonnelle par une autre ayant la même construction.
Exemple : *Il est possible que* nous allions en Australie à l'automne.
Il se peut que nous allions en Australie à l'automne.

Reformulation de texte

Il est temps de passer à la reformulation d'un petit paragraphe contenant de nombreuses instances du verbe « être ». Première étape, traduisez le texte en anglais et observez quels verbes ont été utilisés en anglais pour remplacer « être ». Deuxième étape, traduisez ces verbes en français en gardant la structure du texte. Troisième étape, réorganisez le texte afin de lui donner plus de fluidité. N'oubliez pas que cette reformulation est cumulative. Il faut certes remplacer le verbe « être », mais aussi penser à ce qui a été étudié dans le chapitre précédent.

La baleine à bosse est incontestablement parmi les plus grands mammifères marins. Physiquement, elle est très lourde puisqu'elle pèse plus que huit éléphants ou 48 tonnes. De profonds sillons sont sur la peau de sa tête et son corps est incrusté de petits coquillages. Elle est dans tous les océans parce qu'elle est à la recherche de nourriture. Pendant l'hiver, la baleine est dans les eaux chaudes tropicales. Après avoir été six mois sous les tropiques, la baleine à bosse part vers le nord pour être dans les eaux froides de l'Arctique qui sont riches en krill qui sont de minuscules crevettes que la baleine avale par filtration en très grande quantité. Elle a longtemps été chassée pour sa viande et son huile. Il est impératif de la protéger car on sait qu'elle est importante pour notre écosystème.

1.3

REMPLACEMENT DE *DIRE*

Sensibilisation

Le verbe « dire » comme « être », « avoir », « faire » et « mettre », souffre d'une grande pauvreté de sens.

Il est employé seul ou dans des locutions avec un adverbe de manière. Afin de remplacer le verbe « dire », il faut se poser deux questions : qu'est-ce qui est <u>dit</u>? et <u>comment</u> est-ce <u>dit</u>? Dans le premier cas, le verbe « dire » apparaît dans des formules presque toutes faites. Exemple : *dire une histoire, dire un secret*. Dans le second cas, « dire » va exprimer des sentiments, un certain ton. Exemple : *dire fort (ou à voix haute) = clamer*.

Pour saisir les nuances, il faut effectuer un peu de recherche sur les divers sens du verbe « dire ». Les contextes seront déterminants et les dictionnaires vous seront d'un grand secours. Suivront des exercices dans lesquels vous devrez choisir le terme de remplacement approprié. Il est évident que vous ne serez pas en mesure de voir toutes les utilisations possibles du verbe « dire » et celles des verbes de remplacement. Ce qui importe dans les exercices suivants est que vous réfléchissiez au contexte afin de trouver la meilleure solution.

Objectifs d'apprentissage

À la fin de cette section, vous pourrez :

* remplacer le verbe « dire » avec des verbes plus précis;
* apprécier les nuances de sens en fonction des contextes;
* reformuler un texte pour éviter le verbe « dire ».

DIRE employé seul

Exercice 1

Consultez l'entrée « dire » dans un dictionnaire unilingue. Lisez la rubrique en entier, puis faites l'exercice suivant. Trouvez des verbes synonymes pour remplacer le verbe « dire employé seul ». Le contexte est donné entre parenthèses.

Exemple : *Dire (une histoire)* = *raconter une histoire.*

1. Dire (un secret) =
2. Dire (son opinion) =
3. Dire (des menaces) =
4. Dire (un poème) =

Exercice 2

Dans un dictionnaire unilingue, trouvez des verbes synonymes pouvant remplacer le verbe « dire » <u>employé dans des locutions avec un adverbe de manière.</u>

Exemple : *Dire haut, fièrement* = *claironner.*

1. Dire clairement =
2. Dire discrètement un mot à quelqu'un =
3. Dire très fort =
4. Dire bas ou à voix basse =

DIRE + complément d'objet direct

Certains contextes appellent un synonyme précis du verbe « dire ». On le remplacera par un autre verbe en gardant le même COD.

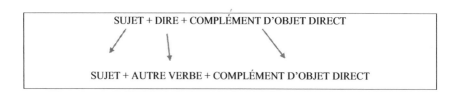

SUJET + DIRE + COMPLÉMENT D'OBJET DIRECT

SUJET + AUTRE VERBE + COMPLÉMENT D'OBJET DIRECT

Exemple : *Je tiens à vous <u>dire la bonne nouvelle</u> moi-même. Je tiens à vous <u>annoncer la bonne nouvelle</u> moi-même.*

Exercice 3

Améliorez les phrases suivantes sur le même modèle.

1. Ma grand-mère nous dit toujours de belles histoires avant de nous coucher.
2. Nous lui avons dit nos problèmes financiers. (deux possibilités)
3. Tu dis que tu as raison, mais je dis le contraire. (deux possibilités)
4. Vous lui en direz un mot demain.
5. Elle se dit voyante.
6. La police a refusé de dire l'identité du suspect. (quatre possibilités)
7. Pour votre audition, dites un sonnet de Shakespeare. (deux possibilités)
8. Les manifestants ont dit leurs revendications.
9. Veuillez me dire les raisons de votre démission.
10. Le complice du voleur refuse de dire ses torts dans cette affaire.

DIRE + proposition subordonnée

Lorsque « dire » introduit une subordonnée, on peut alléger la structure de la phrase (dire + que + proposition subordonnée) en utilisant un verbe unique + complément.

Exemple : *Il a dit <u>avec insistance</u> qu'il <u>fallait</u> répondre au notaire.*
Dire avec insistance, c'est « insister » qui se construit avec la préposition « sur »;
« il faut » exprime la nécessité. Donc, on obtient : Il a <u>insisté sur</u> la <u>nécessité</u> d'une réponse au notaire.

Exercice 4

Améliorez les phrases ci-dessous en remplaçant « dire avec ou sans adverbe de manière » par un autre verbe comme dans l'exemple ci-dessus.

1. Ils disent haut qu'ils sont innocents.
2. La directrice du collège dit que les élèves lui ont menti.
3. Le juge a finalement dit que le plaignant avait raison.
4. Pierre a dit qu'il aiderait Fanny pour son déménagement.
5. Les critiques de cinéma disent que ce nouvel acteur n'a aucun talent.
6. L'accusé dit qu'il n'a pas participé au cambriolage.
7. Certains universitaires disent que ce poème est de Shakespeare.

Exercice 5

On retrouve « dire » <u>dans ses composés</u>. À l'aide d'un dictionnaire unilingue, donnez un synonyme qui fasse ressortir le sens des verbes suivants.

1. Contredire quelqu'un =
2. Contredire quelque chose =
3. Se contredire =
4. Se dédire =
5. Maudire =
6. Médire =
7. Prédire =

Exercice 6

À l'aide d'un dictionnaire bilingue, trouvez cinq expressions en anglais qui emploient « to say » et « to tell » pour traduire l'idée de « dire » mais utilisent un autre verbe en français. Indiquez ce que l'on dirait en français.

Exemple : *To tell right from wrong* = <u>*distinguer*</u> *le bien du mal.*

1. _____
2. _____
3. _____
4. _____
5. _____

Reformulation de texte

Le verbe « dire » n'aime pas la solitude! En effet, il est souvent accompagné d'un adverbe ou d'une locution adverbiale qui lui donne sa tonalité. Ainsi « dire à voix haute » peut-être synonyme de « crier », de « hurler », de « claironner » ou de « clamer » comme nous l'avons vu dans les exercices précédents. « Dire » employé seul n'a aucune envergure, suivi d'un adverbe, il prend de l'ampleur, mais il ne sera jamais aussi précis que *claironner, hurler, crier*, etc.

Dans l'exercice suivant, diverses situations exigent de trouver le meilleur remplacement possible au verbe « dire ». Par conséquent, il faudra :

1. Choisir l'une des trois situations proposées.
2. Penser aux verbes en anglais que l'on pourrait employer pour remplacer « dire ».
3. Composer un paragraphe en français qui utilisera les synonymes de « dire » (la traduction des verbes choisis en anglais) adaptés au contexte de la situation. Les discours direct et indirect sont recommandés.

Situation

Dans le conte *Boucle d'or et les trois ours*, les ours s'interrogent sur la présence d'une petite fille endormie dans l'un de leurs lits. Transcrire la conversation.

Situation 2

À la suite d'un débat non public sur le réchauffement climatique, une journaliste rapporte l'événement à la télévision en parlant des interventions des deux partis opposés.

Situation 3

Au tribunal, le juge demande au greffier (court clerk) de rapporter les paroles de l'accusé (innocent) et du procureur au sujet du crime commis.

1.4

REMPLACEMENT DE *FAIRE*

Sensibilisation

Le verbe « faire » est lui aussi un verbe qui manque de précision. On l'emploie seul ou suivi de l'infinitif. Ce qui le rend plus intéressant, c'est sa présence dans les tournures impersonnelles.

Mais auparavant, il faut se mettre en quelque sorte dans l'ambiance. Pour cela, il faut effectuer un peu de recherche sur les divers sens du verbe « faire ». Les contextes seront déterminants et les dictionnaires vous seront d'un grand secours. Suivront des exercices dans lesquels vous devrez choisir le terme de remplacement approprié. Il est évident que vous ne serez pas en mesure de voir toutes les utilisations possibles du verbe « faire » et celles des verbes de remplacement. Ce qui importe dans ces exercices est que vous réfléchissiez au contexte afin de trouver la meilleure solution.

Objectifs d'apprentissage

À la fin de cette section, vous pourrez :

* remplacer le verbe « faire » avec des verbes plus précis;
* apprécier les nuances de sens en fonction des contextes;
* reformuler un texte pour éviter le verbe « faire ».

FAIRE employé seul

Exercice 1

Consultez l'entrée « faire » dans un dictionnaire unilingue. Lisez la rubrique en entier, puis trouvez <u>10 tournures impersonnelles</u> utilisant le verbe « faire » dans le contexte de la météo.

Exemple : *Il fait beau.*

1. _____ .
2. _____ .
3. _____ .
4. _____ .
5. _____ .
6. _____ .
7. _____ .
8. _____ .
9. _____ .
10. _____ .

Exercice 2

Utilisez un dictionnaire des cooccurrences. Remplacez « faire » par un verbe plus précis. Le contexte sera encore déterminant dans ce cas.

Exemple : *Faire du **tort**.*

Regarder la rubrique « tort » dans le dictionnaire des cooccurrences. On y trouve, entre autres, les verbes suivants : *causer, chercher, reconnaître, redresser, réparer,* et comment ils sont utilisés. Les synonymes proposés vous donnent une idée des nuances de sens associées au mot « tort » :

Causer du tort à quelqu'un = nuire à quelqu'un.

Chercher des (du) tort (s) à quelqu'un = chercher à faire du mal à quelqu'un.

Reconnaître ses torts = admettre ses erreurs, ses fautes.

Réparer les torts causés à quelqu'un = remédier à un dommage causé indûment à quelqu'un.

1. Faire des dettes =
2. Faire une alliance avec quelqu'un =
3. Faire des reproches à quelqu'un =
4. Faire un procès à quelqu'un =
5. Faire un complot (trois possibilités) =
6. Faire un crime =
7. Faire des excuses à quelqu'un =
8. Faire un feu =
9. Faire une demande d'emploi (deux possibilités) =
10. Faire la vaisselle (deux possibilités) =

SE FAIRE + infinitif

Dans un dictionnaire unilingue, vous avez sans doute remarqué la forme pronominale du verbe « faire » : se faire. Cette forme peut aussi être remplacée par un seul verbe.

Exemple : *Se faire du souci = s'inquiéter.*

Exercice 3

Consultez un dictionnaire unilingue sous la rubrique « se faire » et trouvez les verbes de remplacement pour les verbes suivants :
Exemple : *Se faire à quelque chose = s'habituer à; s'accoutumer à.*

1. S'en faire =
2. Se faire + adjectif (vieux, beau, etc.) =
3. Se faire à une idée =
4. Se faire du mauvais sang (deux possibilités) =
5. Se faire (trois possibilités) =
6. Être fait pour + infinitif =
7. Se faire (chaussures) =
8. Se faire (vin) =
9. Impersonnel : il se fait tard =

Si « se faire » est suivi d'un autre verbe à l'infinitif, ce groupe verbal peut facilement se remplacer par un verbe unique. Il faudra penser à vérifier la construction du verbe de remplacement qui peut différer de la phrase initiale et entraîner des changements de structure.

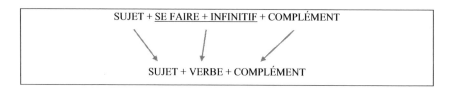

Exemple : *L'alarme d'incendie se fait entendre dans la cour.*
L'alarme retentit dans la cour.

Exercice 4

Trouvez le verbe de remplacement dans ces deux phrases en consultant un dictionnaire des cooccurrences. Cherchez sous les rubriques : « écho » et « cris ».

1. L'écho se fait entendre dans les montagnes.
2. Des cris se font entendre dans la foule.

FAIRE + complément d'objet direct

Si « faire » est suivi d'un complément d'objet direct, on le remplace par un autre verbe plus précis. On trouvera ce nouveau verbe dans un dictionnaire des cooccurrences, en cherchant le nom qui suit le verbe. C'est le même principe que pour l'exercice 1.

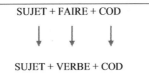

SUJET + FAIRE + COD

↓   ↓   ↓

SUJET + VERBE + COD

Exemple : *L'accusé a fait __une plainte__ contre son avocat. L'accusé __a porté plainte__ contre son avocat.*

Exercice 5

Remplacez le verbe « faire » par un autre verbe. Le nom qui suit donne le contexte.

1. L'inspecteur Morse fait une enquête sur un vol dans le musée.
2. Ce chirurgien vient de faire une opération très difficile.
3. Un tel projet de recherche demande de faire plus d'efforts.
4. Le témoin a fait serment devant la Cour.
5. Le jardinier a fait un fossé pour y mettre le compost.
6. Tu veux faire un gâteau pour ce soir?
7. Rodin a fait « le Penseur » dans un seul bloc de marbre blanc.
8. Pour traverser les Alpes, il a fallu faire un tunnel sous le Mont Blanc.
9. Ces deux actrices ont fait une immense fortune grâce à leurs rôles à grand succès.
10. Une énorme araignée a fait sa toile entre les deux rosiers du jardin.

FAIRE + infinitif + Complément

Si « faire » est suivi d'un autre verbe à l'infinitif, ce groupe verbal peut facilement se remplacer par un verbe unique. Il faudra penser à vérifier la construction du verbe de remplacement qui peut différer de la phrase initiale et entraîner des changements de structure.

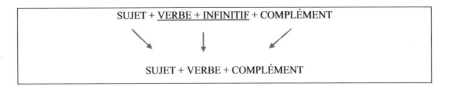

SUJET + __VERBE + INFINITIF__ + COMPLÉMENT

↘   ↓   ↙

SUJET + VERBE + COMPLÉMENT

Exemple : *L'opposition tente de faire tomber le gouvernement.*
L'opposition tente de renverser le gouvernement.

Exercice 6

Trouvez un verbe de remplacement pour « faire ». Attention à la construction de la nouvelle phrase.

1. Essaie de faire rentrer cette phrase dans le paragraphe suivant.
2. Je n'arrive pas à faire passer le fil dans le trou de l'aiguille.
3. Son mariage lui a fait prendre racine dans ce pays.
4. Fais-moi penser de téléphoner à la directrice de l'école.

Reformulation de texte

Il est temps de passer à la reformulation d'un petit paragraphe contenant de nombreuses instances du verbe « faire ». N'oubliez pas que cette reformulation est cumulative. Il faut certes remplacer le verbe « faire », mais aussi penser à ce qui a été étudié dans les chapitres précédents.

Première étape, traduisez le texte en anglais et observez quels verbes ont été utilisés en anglais pour remplacer « faire ». Deuxième étape, traduisez ces verbes en français en gardant la structure originale du texte français. Troisième étape, réorganisez le texte afin de lui donner plus de fluidité.

Quand il <u>fait</u> beau, pendant plusieurs jours, qu'il ne <u>fait</u> pas trop de vent et que la température est plaisante, l'appel de l'avion <u>se fait</u> sentir. Il faut dire que Anaïs et moi, sommes toutes les deux pilotes. Nous <u>avons fait</u> nos études dans deux provinces différentes mais nous partageons la même passion. Nous <u>avons</u> donc <u>fait</u> le projet d'aller en avion de Vancouver à Banff en Alberta. Tout est prêt. Nous <u>avons fait</u> notre itinéraire. Toute la planification de vol <u>a été faite</u>, la route, le carburant nécessaire, la durée du vol, les aéroports alternatifs et la météo. Nous <u>avons fait</u> nos sacs de survie, au cas où nous serions obligées de nous poser d'urgence dans une région reculée.

Finalement, nous montons à bord du Cessna. Avant de <u>faire</u> tous les essais de moteur au point fixe, je demande à mon amie de me <u>faire penser</u> à contacter la tour de contrôle pour ouvrir notre plan de vol. Ceci <u>fait</u>, nous nous envolons. Comme toujours, les paysages nous surprennent par leur beauté, mais à l'horizon, de gros nuages noirs nous <u>font faire du souci</u>. Ils n'étaient pas prévus, donc il va falloir <u>faire</u> des changements à notre plan de vol et modifier notre itinéraire.

On peut aussi retravailler le texte de façon plus créative. Ci-dessous un exemple de texte d'étudiant, reproduit avec sa permission.

> *Au printemps, lorsque la neige fond sous les rayons du soleil, la brise légère réveille le désir de voler au-dessus des nuages. Comme Anaïs et moi sommes toutes les deux pilotes, nous comprenons à quel point l'appel de l'avion est fort. Bien que nous ayons fréquenté différentes écoles au cours de notre formation, nous partageons la même passion éternelle pour le vol. Avec cet esprit d'aventure partagé, nous avons décidé de nous rendre en avion de Vancouver à Banff. Compte tenu de notre enthousiasme, nous avons planifié notre voyage – un itinéraire détaillé, la trajectoire de vol, la quantité de carburant nécessaire, les aéroports alternatifs et les rapports météorologiques tout le long du parcours. Nous avons aussi bouclé nos sacs de survie au cas où nous serions obligées de nous poser dans une région reculée.*

Alors que nous montons à bord du Cessna de location, je demande à mon amie de me rappeler de contacter la tour de contrôle pour lancer notre plan de vol. Après avoir effectué les essais de moteur au point fixe, nous nous sommes envolées. Une fois en altitude et avec le soleil éclatant, la beauté naturelle du paysage défilant sous l'avion nous a coupé le souffle. Malheureusement, à l'horizon, une mer de nuages noirs menaçants apparaît au loin. Imprévus, ils nous obligent à modifier notre itinéraire, mais nous sommes toujours préparées avec un plan B.

(T. Forsyth, 2019)

1.5

REMPLACEMENT DE *METTRE*

Sensibilisation

Le verbe « mettre », comme « être », « avoir » et « faire », souffre d'une grande pauvreté de sens. Sauf lorsqu'il est employé dans des locutions, on le remplacera par un autre verbe plus précis, en utilisant les indices habituels : prépositions, contextes d'emploi du sujet et du complément. Si « mettre » fait partie d'une locution, il s'avérera nécessaire de le remplacer avec un composé pour éviter une répétition (*remettre*, *permettre*, *promettre*, etc.). Mais avant, il faut se mettre dans l'ambiance en quelque sorte. Pour cela, il faut effectuer un peu de recherche sur les divers sens du verbe « mettre ». Les contextes seront déterminants et les dictionnaires vous seront d'un grand secours. Suivront des exercices dans lesquels vous devrez choisir le terme de remplacement approprié. Il est évident que vous ne serez pas en mesure de voir toutes les utilisations possibles du verbe « mettre » et celles des verbes de remplacement. Ce qui importe dans les exercices suivants est que vous réfléchissiez au contexte afin de trouver la meilleure solution.

Objectifs d'apprentissage

À la fin de cette section, vous pourrez :

- remplacer le verbe « mettre » avec des verbes plus précis;
- apprécier les nuances de sens en fonction des contextes;
- reformuler un texte pour éviter le verbe « mettre ».

METTRE employé seul

Exercice 1

Consultez l'entrée « mettre » dans un dictionnaire unilingue. Lisez la rubrique en entier, puis faites l'exercice suivant. Trouvez des <u>verbes synonymes</u> pour remplacer « mettre ». <u>Gardez le complément d'objet direct.</u>

Exemple : *Mettre (le fil) dans le trou de l'aiguille. <u>Passer</u> le fil dans le trou de l'aiguille.*

1. Mettre (des bottes) (deux possibilités) =
2. Mettre (un vêtement) =
3. Mettre (de l'ordre) =
4. Mettre (la discorde) =
5. Mettre (le doute) =

Exercice 2

En consultant un dictionnaire des cooccurrences, trouvez des verbes synonymes pouvant remplacer <u>les locutions avec « mettre »</u> données entre parenthèses.

Exemple : *Mettre aux oubliettes = <u>reléguer</u> quelque chose, <u>ranger</u> quelque chose pour l'oublier.*

1. Mettre un terme à (trois possibilités) =
2. Mettre à bout (deux possibilités) =
3. Mettre à la poubelle =
4. Mettre de côté (deux possibilités) =
5. Mettre à jour (un dossier) =

Exercice 3

Dans un dictionnaire unilingue, trouvez les verbes uniques synonymes pour remplacer <u>les locutions avec « se mettre »</u>.

Exemple : *Se mettre en colère = s'énerver.*

1. Se mettre d'accord sur quelque chose =
2. Se mettre au lit =
3. Se mettre à l'aise =
4. Se mettre debout =
5. Se mettre au beau (le temps) =
6. Se mettre à table = attention en argot ce verbe signifie avouer!
7. Se mettre en tête de faire quelque chose =

METTRE + préposition + complément

Le plus souvent, « mettre » s'emploie suivi d'une préposition. Cette dernière constitue un indice suffisant pour trouver un autre verbe, sans changer la structure de la phrase.

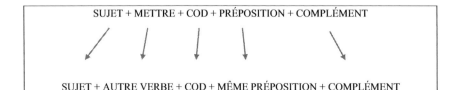

SUJET + METTRE + COD + PRÉPOSITION + COMPLÉMENT

SUJET + AUTRE VERBE + COD + MÊME PRÉPOSITION + COMPLÉMENT

Exemple : *Le jardinier* <u>*met*</u> *l'échelle* <u>*contre*</u> *le mur. Le jardinier* **pose, appuie, installe** *l'échelle contre le mur.*

Dans cet exemple, le verbe « mettre » est peu précis. En effet, l'échelle est-elle contre le mur mais posée par terre ou est-elle contre le mur pour monter sur le toit? Identifiez le contexte en lisant bien la phrase, il indiquera lequel des verbes synonymes employer.

Exercice 4

En utilisant votre langue maternelle, trouvez le synonyme de « mettre » dans les phrases suivantes.

1. Pour ouvrir le casier, mettre quatre pièces de 25 cents dans la fente. (deux possibilités)
2. Tu mets ma patience à l'extrême limite.
3. Pour le banquet, on a mis le vétéran à la place d'honneur. (trois possibilités)
4. Ils ont mis toute la marchandise dans le cargo. (deux possibilités)
5. N'oublie pas de mettre une tasse de lait dans la pâte de ton gâteau. (trois possibilités)

METTRE + complément d'objet direct + complément prépositionnel

Dans d'autre cas, il faut alors avoir recours à l'ensemble du complément (groupe) prépositionnel, c'est-à-dire la « préposition + un nom complément », que l'on pourra remplacer par un verbe synonyme unique. Ce verbe est <u>un dérivé du nom complément</u>; par conséquent, cette opération va conduire à modifier la structure de la phrase, selon la formule suivante :

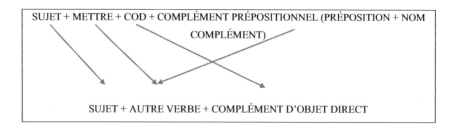

SUJET + METTRE + COD + COMPLÉMENT PRÉPOSITIONNEL (PRÉPOSITION + NOM COMPLÉMENT)

SUJET + AUTRE VERBE + COMPLÉMENT D'OBJET DIRECT

Exemple : *Avant de partir, mets tous tes livres* <u>*en paquet.*</u>
Avant de partir <u>*empaquète*</u> *tous tes livres.*

Exercice 5

Améliorez les phrases ci-dessous comme dans l'exemple. Utilisez <u>le nom</u> du complément prépositionnel pour vous guider dans le choix du verbe.

1. Il met régulièrement de l'argent en dépôt à la banque.
2. Les malfaiteurs ont été mis en prison après le vol de la banque.
3. Votre réaction me met dans l'embarras.
4. Quand le vin est fermenté, il faut le mettre en bouteilles.
5. Mets le morceau de pain sec en miettes avant de le donner aux poules.
6. Vas-tu mettre ton appartement en location?
7. Une simple étincelle a suffi à mettre en flammes le bâtiment.
8. Les enfants ont mis leurs jouets en tas au milieu du salon.
9. Mets vite le gratin au four sinon il ne sera pas prêt pour le dîner.
10. Elle nous a mis au défi de terminer notre examen en deux heures.

Si le complément prépositionnel ne suffit pas à déterminer le contexte et à trouver le bon synonyme, on doit chercher plus d'indices vers le complément d'objet direct. Celui-ci forme probablement avec le verbe et le complément prépositionnel une expression « toute faite ».

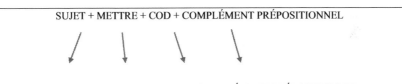

SUJET + METTRE + COD + COMPLÉMENT PRÉPOSITIONNEL

SUJET + AUTRE VERBE + COD + COMPLÉMENT PRÉPOSITIONNEL

Exemple : *Elle met beaucoup d'argent dans ses chaussures.*
Elle dépense beaucoup d'argent pour ses chaussures.
Attention : Pour certaines phrases, il faudra bien choisir le verbe de remplacement en fonction de ce que l'on veut dire.
Exemple : *Elle met beaucoup d'énergie dans ce projet.*
Elle dépense beaucoup d'énergie dans ce projet.
(Ce verbe donne l'impression qu'elle perd son temps.)
Elle consacre beaucoup d'énergie dans ce projet.
(Ce verbe indique qu'elle passe beaucoup de temps sur ce projet.)
Elle investit beaucoup d'énergie dans ce projet.
(Ce verbe indique qu'elle applique beaucoup d'énergie car c'est un investissement pour sa carrière.)

Exercice 6

Améliorez les phrases suivantes en appliquant la même formule. Il faut garder le complément souligné.

1. Il faudra mettre tout le texte en anglais.
2. Est-ce que la mairie a bien mis mon nom sur la liste électorale? (trois possibilités)

3. Le notaire a mis <u>sa signature</u> au bas du document.
4. Le gouvernement a mis <u>une nouvelle taxe</u> sur le tabac.
5. Cette personne nous met <u>mal à l'aise</u> avec ses manières. (deux possibilités)
6. N'oublie pas de mettre <u>le réveil</u> à l'heure d'été.
7. Quelle <u>somme</u> voulez-vous mettre dans l'entreprise?
8. Ce luthier met beaucoup <u>de soin</u> à la fabrication de chaque violon.
9. La direction l'a mis <u>à la gérance</u> des comptes internationaux. (deux possibilités)
10. J'ai l'intention de faire mettre <u>une moquette</u> dans le salon. (deux possibilités)
11. J'ai mis <u>tous mes livres scolaires</u> dans la bibliothèque.

Expressions idiomatiques

Voici une série de 20 expressions idiomatiques utilisant le verbe « mettre ». Essayez d'en deviner le sens et de composer pour chacune une phrase qui en montre bien la signification. Attention, elles ne sont pas employées littéralement.

Exemple : *Mettre la clé sous la porte = partir, quitter un endroit. Ils ont mis la clé sous la porte pour aller travailler en ville.*

Exercice 7

À votre tour!

1. Mettre cartes sur table =
2. Mettre les points sur les « i » =
3. Mettre de l'eau dans son vin =
4. Mettre les pieds dans le plat =
5. Mettre la main à la pâte =
6. Mettre l'eau à la bouche =
7. Mettre au monde =
8. Mettre le feu aux poudres =
9. Mettre la charrue avant les bœufs =
10. Mettre un projet sur pied =
11. Se mettre à l'aise =
12. S'en mettre jusqu'au yeux (familier) =
13. Se mettre en frais =
14. N'avoir rien à se mettre =
15. Mettre du beurre dans les épinards (familier) =
16. Mettre le pied à l'étrier =
17. Mettre au pied du mur =
18. Mettre quelqu'un dans de beaux draps =
19. Mettre sur la voie =
20. Mettre sous clé =

1.6

REMPLACEMENT DE *ALLER*

Sensibilisation

Le verbe « aller » souffre lui aussi des mêmes faiblesses que les autres verbes dont nous avons déjà parlé. Il est vague, répétitif et passe-partout. Il faudra se poser les questions suivantes : indique-t-il un déplacement, comment s'effectue ce déplacement, ou s'il n'y a pas de déplacement du tout?

Le verbe « aller » peut s'utiliser seul, dans des locutions, dans des tournures impersonnelles et en grammaire pour marquer l'expression du futur proche.

Pour saisir les nuances, il faut effectuer un peu de recherche sur les divers sens du verbe « aller ». Les contextes seront déterminants et les dictionnaires vous seront d'un grand secours. Des exercices suivront dans lesquels vous devrez choisir le terme de remplacement approprié. Il est évident que vous ne serez pas en mesure de voir toutes les utilisations possibles du verbe « aller » et celles des verbes de remplacement. Ce qui importe dans les exercices suivants est que vous réfléchissiez au contexte afin de trouver la meilleure solution.

Objectifs d'apprentissage

À la fin de cette section, vous pourrez :

- remplacer le verbe « aller » avec des verbes plus précis;
- apprécier les nuances de sens en fonction des contextes;
- reformuler un texte pour éviter le verbe « aller ».

ALLER employé seul

Exercice 1

Consultez l'entrée « aller » dans un dictionnaire unilingue. Lisez la rubrique en entier, puis faites l'exercice suivant. Trouvez <u>des verbes synonymes pour rem-placer</u> *les locutions* avec « aller » ci-dessous.

Exemple : *Ces couleurs <u>vont bien ensemble.</u> = Ces deux couleurs <u>s'harmonisent</u> bien.*

1. Ma grand-mère <u>va sur</u> ses 100 ans. =
2. Cette robe te <u>va très bien</u> (deux possibilités). =
3. Cette fille <u>ira loin!</u> =
4. Ne vous laissez pas <u>aller à la colère</u> =
5. Ce plat <u>va au four.</u> =
6. Cet individu <u>se laisser aller.</u> =
7. L'héritage <u>va à</u> ses enfants. =
8. Elle <u>va</u> toujours <u>droit au but.</u> =

Exercice 2

Dans un dictionnaire unilingue, trouvez deux ou trois <u>tournures impersonnelles avec le verbe</u> « aller » et donnez un exemple.

Exemple : *Il (cela) va de soi que l'examen comptera dans la note finale. = Il est évident que …*
Vous êtes tous invités, cela va de soi! = Vous êtes tous invités, bien entendu!

1. _____

2. _____

3. _____

Exercice 3

Révisez la formation du futur proche (ou immédiat) et donnez quatre phrases en exemple.

Exemple : *Attention la lampe va tomber. = La lampe est sur le point de tomber.*

1. _____

2. _____

3. _____

4. _____

ALLER + verbe + complément de lieu

Le premier sens du verbe « aller » indique un mouvement physique, un déplacement. Pour effectuer le remplacement avec un autre verbe, il faut se poser les questions suivantes : où va-t-on? et comment y va-t-on?

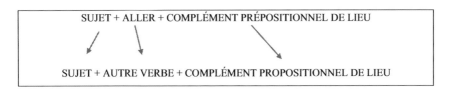

SUJET + ALLER + COMPLÉMENT PRÉPOSITIONNEL DE LIEU

SUJET + AUTRE VERBE + COMPLÉMENT PROPOSITIONNEL DE LIEU

Exemple : *L'enfant est allé vers sa mère.*

Il y a déplacement : <u>aller vers</u> quelqu'un ou quelque chose = <u>se diriger vers</u> quelqu'un ou quelque chose. Mais comment s'effectue ce déplacement? Vite ou lentement? Quelle est l'intention derrière ce mouvement? Quelles sont les nuances de sens dans les trois exemples ci-dessous. On va voir que le contexte est la clé pour bien choisir le verbe de remplacement.

L'enfant se dirige vers sa mère.

Dans le premier cas, il ne semble pas y avoir urgence.

L'enfant court vers sa mère. Ici, il se pourrait que l'enfant *coure* vers sa mère pour la rattraper, pour lui montrer quelque chose. (NOTEZ : *Le subjonctif* « coure » indique ici une hypothèse.)

L'enfant se précipite vers sa mère. Le verbe *se précipiter* implique une certaine urgence. L'enfant n'a pas peut-être pas vu sa mère depuis longtemps; ou bien il est tombé et s'est fait mal; ou encore un autre enfant l'embête et il cherche la protection de sa mère, etc.

Exercice 4

Améliorez les phrases suivantes en réfléchissant au type de déplacement. Justifiez votre choix. Parfois le verbe choisi sera explicite, dans ce cas, il ne sera pas nécessaire de justifier son emploi. Les <u>prépositions</u> sont importantes pour comprendre le contexte.

Exemple : *Je suis allée <u>dans</u> le salon pour chercher mes lunettes.*

Je suis <u>entrée</u> dans le salon pour chercher mes lunettes. Il y a une porte que je dois franchir pour accéder au salon.

Je suis <u>descendue</u> au salon pour chercher mes lunettes. J'étais à l'étage supérieur.

1. Poursuivi par le chien, le chat est allé <u>dans</u> l'arbre. (quatre possibilités)
2. J'ai besoin de ton échelle pour aller <u>sur</u> le toit. (quatre possibilités)
3. Après avoir visité l'étage, nous irons <u>au</u> sous-sol.
4. Pour gagner du temps, nous irons <u>à travers</u> le parc. (trois possibilités)
5. Ce petit chemin va <u>le long de</u> la rivière. (trois possibilités)

ALLER + verbe + complément de lieu + gérondif

À présent, il s'agit de voir comment s'effectue le déplacement. Dans un petit nombre de cas, cette manière s'exprime avec le gérondif et, par conséquent, <u>un verbe unique</u> remplacera l'ensemble « aller + gérondif ».

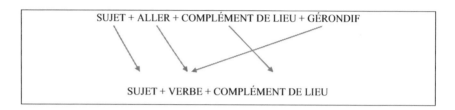

Exemple : *Elle est allée dans le jardin <u>en courant.</u>*
Elle a <u>couru</u> dans le jardin.

Exercice 5

Améliorez les phrases en suivant le modèle ci-dessus.

1. Les manifestants sont allés de la gare à la poste <u>en marchant.</u>
2. Le sanglier blessé est allé jusqu'à la forêt <u>en se traînant.</u>
3. Cette épreuve consiste à aller d'une bouée à l'autre <u>en nageant.</u>

Exercice 6

Nous avons vu au début de cette section que le verbe « aller » s'emploie dans des locutions et des expressions figurées. Dans ce cas, il suffira de remplacer la locution avec « aller » par une autre locution.

Exemple : *Cette jupe et ce chemisier <u>vont bien ensemble</u>. (locution « bien aller ensemble »)*
Cette jupe et ce chemisier <u>s'harmonisent</u> bien.

1. Il <u>va</u> beaucoup <u>mieux</u> depuis qu'on a changé ses médicaments.
2. J'allais <u>m'en aller</u> quand le facteur a sonné.
3. Cette entreprise de construction <u>va à sa perte.</u>
4. Encore un peu de couscous? Non merci, <u>ça va.</u> (deux possibilités)
5. Nous devons continuer, <u>il y va de</u> la réussite de l'expérience.
6. La couleur rouge lui <u>va très bien.</u>
7. Un voyage en Australie! Ça me <u>va très bien.</u>
8. <u>Il va de soi que</u> cette conversation restera confidentielle.
9. Il est temps <u>d'y aller</u>, la neige va bientôt se mettre à tomber.
10. Les bénéfices augmentent. <u>Il en va de même</u> pour les investissements.

Exercice 7

Traduisez en français les phrases suivantes.

Exemple : *They <u>drive</u> to work. = Ils <u>vont</u> au travail <u>en voiture</u>.*

1. He was riding his bicycle when I met him.
2. The athletes flew from New York to Toronto.
3. As the old saying <u>goes</u>, better late than never.
4. We <u>went back</u> home right after work.
5. <u>Go out</u> (get out) of my room, now!

Reformulation de texte

Il est temps de passer à la reformulation d'un petit paragraphe contenant de nombreuses instances du verbe « aller ». N'oubliez pas que cette reformulation est cumulative. Il faut certes remplacer le verbe « aller », mais aussi penser à ce qui a été étudié dans les chapitres précédents.

Première étape, traduisez le texte en anglais et observez quels verbes ont été utilisés en anglais pour remplacer « aller ». Deuxième étape, traduisez ces verbes en français en gardant la structure du texte. Troisième étape, réorganisez le texte afin de lui donner plus de fluidité.

Rien n'est plus divertissant qu'un écureuil roux. Petit, rapide, furtif, il donne l'impression d'avoir une mission à remplir. Celui que j'ai pu observer l'autre jour depuis la fenêtre de mon bureau semblait préoccupé. Il <u>allait</u> autour du grand érable qui domine le jardin. Il <u>allait</u> vers le haut et vers le bas comme s'il cherchait quelque objet mystérieux. Après plusieurs va-et-vient, il <u>est allé</u> sur le sol et <u>est allé</u> le long de la haie qui sépare notre propriété de celle du voisin. Arrivé au bout et toujours affairé, il <u>est allé</u> à travers la pelouse et <u>est allé</u> près de la maison. Soudain, il a fait demi-tour et <u>est allé</u> très vite vers l'érable comme s'il y avait un danger. Dressé sur ses pattes arrière, il a fait une courte pause et s'est remis à courir dans tous les sens avec une frénésie non déguisée. J'ai eu beau regarder de tous côtés, je ne voyais pas ce qui l'effrayait à ce point. Soudain, deux oreilles ont pointé de dessous la haie. Grisette, ma chatte!

On peut toujours retravailler le texte de façon plus créative.

1.7

REMPLACEMENT DE *DEVENIR*

Sensibilisation

Le verbe « devenir » exprime le passage d'un état à un autre et on le retrouve le plus souvent employé avec un adjectif unique ou avec un groupe adjectival. Le français est riche en verbes qui montrent un changement d'état.

Non seulement, les contextes seront déterminants mais les adjectifs faciliteront la tâche. Des exercices suivront dans lesquels vous devrez choisir le terme de remplacement approprié.

Objectifs d'apprentissage

À la fin de cette section, vous pourrez :

- remplacer le verbe « devenir » avec des verbes plus précis;
- apprécier les nuances de sens en fonction des contextes;
- reformuler un texte pour éviter le verbe « devenir ».

DEVENIR + adjectif

Exercice 1

Consultez l'entrée « devenir » dans un dictionnaire unilingue. Lisez la rubrique en entier, puis faites l'exercice suivant. Trouvez 10 verbes synonymes pour remplacer « *devenir* suivi d'un adjectif de couleur ou d'un adjectif qui détermine la qualité de la couleur ».

Exemple : *Devenir jaune = jaunir.*
Devenir foncé = foncer.

1. Devenir noir =
2. Devenir vert =
3. Devenir rouge =
4. Devenir blanc =
5. Devenir rose =
6. Devenir bleu =
7. Devenir pourpre =
8. Devenir clair =
9. Devenir sombre =
10. Devenir pâle =

Exercice 2

Dans un dictionnaire unilingue, trouvez dix verbes synonymes pouvant remplacer « *devenir* suivi d'un adjectif décrivant un état, une forme ». Il peut y avoir plusieurs possibilités pour certains verbes.

Exemple : *Devenir petit = diminuer ou rapetisser.*

1. Devenir gros =
2. Devenir gras =
3. Devenir maigre =
4. Devenir mince (deux possibilités) =
5. Devenir large (deux possibilités) =
6. Devenir étroit =
7. Devenir long (deux possibilités) =
8. Devenir plat (deux possibilités) =
9. Devenir rond =
10. Devenir grand (deux possibilités) =

Exercice 3

Certaines des réponses de l'exercice précédent (4, 5, 7, 8, 10) offrent deux possibilités. À l'aide d'un dictionnaire unilingue, cherchez le sens de chacune et composez une phrase pour bien montrer bien la différence.

Exemple : *Rétrécir ou se rétrécir*
Rétrécir : rendre plus étroit, diminuer la largeur.
J'ai rétréci ma robe sur les côtés parce qu'elle était trop large.
Se rétrécir : devenir de plus en plus étroit.
Le fleuve St Laurent se rétrécie au niveau de la ville de Québec.

1. Mincir :
2. S'amincir ou amincir :
3. Élargir :

4. S'élargir :
5. Allonger :
6. S'allonger :
7. Rallonger (synonyme de : allonger) :
8. Aplatir (trois possibilités) :

   S'aplatir :
   S'aplatir :
   S'aplatir :

9. Grandir :
10. S'agrandir :

NOTEZ : Lorsque « devenir » est suivi d'un adjectif, seul ou dans un groupe adjectival, la solution pour améliorer la phrase consiste à remplacer « devenir + (groupe) adjectif » par un verbe unique se terminant par -IR.

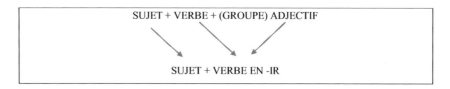

Exemple : *Avec le soleil, tes cheveux deviennent blonds. = Avec le soleil, tes cheveux blondissent.*

Exercice 4

Réécrivez les phrases suivantes en suivant le modèle ci-dessus. Pour vous aider à trouver le verbe de remplacement, consultez un dictionnaire unilingue autour de l'entrée de l'adjectif souligné. Attention au changement d'auxiliaire si le verbe est au passé.

1. Avec l'âge ses cheveux deviennent gris.
2. Brusquement l'enfant est devenu très pâle.
3. À l'époque glaciaire, la planète est devenue froide.
4. Les poils du chat sont devenus roux avec le soleil.
5. Si on ne polit pas l'argenterie, elle deviendra terne.
6. Tu me feras devenir vieille avant l'âge!
7. Cet adolescent rebelle est devenu plus sage avec l'âge.

DEVENIR + verbe pronominal

Des verbes pronominaux en -er peuvent remplacer le groupe « devenir + (groupe) adjectif ». Petit rappel : les verbes pronominaux utilisent « être » comme auxiliaire.

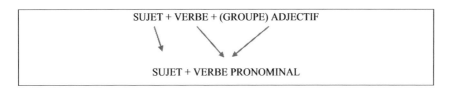

Exemple : *Ce procédé permet aux fromages de <u>devenir fins</u>*.

Sous l'entrée « fin », le dictionnaire unilingue cite « affiner » qui, en structure intransitive et sous sa forme pronominale, signifie « devenir fin ». On écrira : *Ce procédé permet aux fromages de **s'affiner**.*

Exercice 5

Améliorez les phrases suivantes en vous servant du modèle ci-dessus.

1. La situation est devenue très grave après la rupture des négociations.
2. Tu as oublié d'arroser les salades, elles sont devenues toutes sèches.
3. Dès que le sol devient chaud, il est temps de semer les graines de tournesol.
4. Une fois les sacs de sable jetés par-dessus bord, le ballon est devenu plus léger.
5. En refroidissant, la confiture est devenue plus solide.

On pourrait apporter une autre remarque. En effet, certains groupes de type « devenir + adjectif au comparatif » se font remplacer par des verbes pronominaux se terminant en « -fier ».

Exemple : *Les activités de ce groupe écologique sont <u>devenues plus diverses</u>.*
Les activités de ce groupe écologique <u>se sont diversifiées</u>.

Exercice 6

Réécrivez les phrases suivantes en remplaçant « devenir + groupe adjectival » par des verbes pronominaux terminés en « -fier ». Servez-vous des adjectifs pour trouver le verbe. Attention au temps des verbes.

1. Les combats sont <u>devenus plus intenses</u> au Moyen-Orient.
2. Avec la chaleur, le beurre <u>devient plus liquide.</u>
3. Grâce au calcium, les os <u>deviendront plus solides.</u>
4. La procédure pour voter est <u>devenue plus simple.</u>

Reformulation de texte

Il est temps de passer à la reformulation d'un petit paragraphe contenant de nombreuses instances du verbe « devenir ». N'oubliez pas que cette reformulation est cumulative. Il faut certes remplacer le verbe « devenir », mais aussi penser à ce qui a été étudié dans les chapitres précédents. Première étape, traduisez le texte en anglais et observez quels verbes ont été utilisés en anglais pour remplacer

« devenir ». Deuxième étape, traduisez ces verbes en français en gardant la structure du texte. Troisième étape, réorganisez le texte afin de lui donner plus de fluidité.

Le cinéma est magique dans la mesure où il offre aux acteurs et actrices la possibilité de <u>devenir</u> quelqu'un ou quelque chose d'autre. Si un rôle exige qu'un personnage <u>devienne</u> gros ou mince, ou devienne jeune ou vieux, les nouvelles technologies cinématographiques combinées au talent et à la créativité des artistes du maquillage offrent d'infinies possibilités. Toutefois, il n'y a pas que les personnages qui peuvent <u>devenir</u> différents. Les décors deviennent différents au gré de l'imagination des réalisateurs ou des scénaristes. Un désert peut <u>devenir</u> vert en quelques secondes, ou une forêt tropicale peut <u>devenir</u> sèche en un clin d'œil. Le cinéma crée l'illusion que tout peut <u>devenir</u> différent.

Il est toujours possible de réécrire le texte de manière plus créative comme nous l'avons vu dans les chapitres précédents.

1.8

REMPLACEMENT DE *CHOSE*

Sensibilisation

Il n'existe rien de plus banal que le mot « chose ». On l'utilise chaque fois que le mot précis nous échappe. Il est le mot passe-partout par excellence : vague, trop général, trop répétitif. Ce sera le contexte qui permettra de le remplacer par le terme approprié.

En faisant les exercices suivants, vous découvrirez que vous connaissez les formes de remplacement, mais le mot « chose » résulte le plus souvent d'une certaine paresse lexicale.

Objectifs d'apprentissage

À la fin de cette section, vous pourrez :

- remplacer le nom commun « chose » avec des verbes plus précis;
- apprécier les nuances de sens en fonction des contextes;
- reformuler un texte pour éviter le nom « chose ».

NOTEZ : Le terme est général et désigne tout ce qui est concevable comme un objet unique, concret, abstrait, imaginaire, réel. Il peut s'agir d'événements, de phénomènes, d'actions, etc.

Exercice : Répondez aux questions suivantes en consultant un dictionnaire unilingue à l'entrée « chose ».

1. Quand le mot « chose » est-il masculin? Quand est-il féminin?
2. Quand ce nom désigne-t-il une personne?
3. Dans quel sens ce nom est-il employé comme adjectif?

CHOSE (attribut) + adjectif

Le terme « chose » se retrouve habituellement dans des phrases exprimant des généralités, des vérités générales avec un sujet, un verbe. Le mot « chose » est alors attribut. Il est possible de modifier la phrase sans changer sa structure, en se référant au sens du sujet.

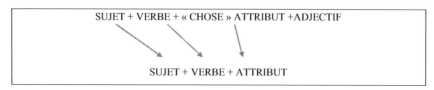

SUJET + VERBE + « CHOSE » ATTRIBUT +ADJECTIF

SUJET + VERBE + ATTRIBUT

Exemple : *Cette sculpture est une chose superbe.* = *Cette sculpture est superbe.*

La clé du problème réside dans le sujet. Qu'est-ce qu'une sculpture? Ce terme spécifique appartient à la catégorie des œuvres d'art. Comme toute œuvre artistique, une sculpture est le produit d'une création. De plus, le complément qualifie plus précisément le sujet : *superbe* évoque une qualité positive. Par conséquent, avec ces deux indices on peut élaborer la phrase : *Cette sculpture est une œuvre superbe.* = *Cette sculpture est une création superbe.*

Exercice 1

Réécrivez les phrases suivantes en procédant comme avec le modèle ci-dessous.

Exemple : *Le bois est la chose la plus utilisée dans la construction.* = *Le bois est le matériau le plus utilisé dans la construction.*

NOTEZ : La différence à déceler entre le matériel et le matériau.

Le matériel = Ensemble des objets, des instruments, des machines utilisés dans un service ou une exploitation.

Le matériau = c'est la matière servant à la fabrication. Le bois est le matériau employé dans la construction des maisons.

Le béton est aussi un matériau.

1. L'honnêteté est une chose très appréciée.
2. L'intelligence est une chose précieuse.
3. La vie est remplie de choses imprévisibles.
4. Une pelle est une chose très utile pour les petits travaux de jardinage.
5. L'or est une chose difficile à travailler.
6. Ce lit pliant est une chose très appréciable dans un appartement minuscule.
7. La philosophie est une chose qui demande de la logique. (deux possibilités)
8. Collectionner des minéraux est une chose instructive.

CHOSE (sujet) + verbe + complément

Il existe d'autres structures avec « chose » comme sujet. Le contexte seul permettra de trouver le mot de remplacement le plus précis possible.

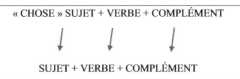

« CHOSE » SUJET + VERBE + COMPLÉMENT

SUJET + VERBE + COMPLÉMENT

Exemple : *Toutes ces choses le contraignent à reporter son départ.*

Le mot « <u>choses</u> » ici est à l'origine de la décision de remettre le départ. Donc on dira : Toutes ces <u>raisons</u> le contraignent à reporter son voyage.

Exercice 2

Réécrivez les phrases suivantes selon le modèle ci-dessous.

Exemple : *Les choses que vous nous avez racontées sont invraisemblables.*

Les <u>faits</u> que vous nous avez racontés sont invraisemblables.

Les <u>événements</u> que vous nous avez racontés sont invraisemblables.

NOTEZ : Les événements s'inscrivent dans le temps et l'espace de manière imprévisible.

Exemple : *C'est un événement que mon chat a mangé la souris, mais c'est un fait que la souris est morte.*

1. Deux choses m'empêchent d'aller faire ce voyage en Grèce : le temps et l'argent.
2. J'ai besoin de quatre choses pour faire ce gâteau : du beurre, du lait, des œufs et de la farine.
3. Une seule chose occupe son esprit : apprendre à piloter un hélicoptère. (deux possibilités)
4. La chose a été discutée à la réunion. (trois possibilités)

CHOSE + complément

Contexte et remplacement de CHOSE

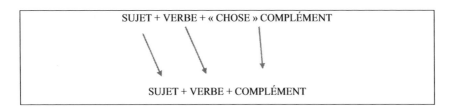

SUJET + VERBE + « CHOSE » COMPLÉMENT

SUJET + VERBE + COMPLÉMENT

Exemple : *Cette femme porte des choses démodées.*

Si on porte quelque chose de démodé, cela doit appartenir au registre des vêtements. Mais le terme peut être plus précis que le mot « vêtement ».

Cette femme porte des chaussures démodées.

Cette femme porte un pantalon et un manteau démodés.

Cette femme porte des bijoux démodés.

Exercice 3

Améliorez les phrases selon le modèle ci-dessus.

1. Souvent la parole traduit mal les choses que l'on ressent. (deux possibilités)
2. J'ai appris une chose bien triste.
3. Tu t'es perdue dans la jungle. Je ne voudrais pas que pareille chose m'arrive. (deux possibilités)
4. Dans la rue, j'ai assisté à une chose étrange. (trois possibilités)
5. Chose surprenante, l'enfant adore les choses épicées. (trois possibilités)

Reformulation de texte

Il est temps de passer à la reformulation d'un petit paragraphe contenant de nombreuses instances du nom « chose ». Cet exercice différent est conçu pour accroître votre vocabulaire.

Dans un premier temps, trouvez le mot de base qui vient en tête immédiatement à la place du mot « chose ». <u>Les mots à remplacer sont soulignés.</u>

Chose au singulier, choses au pluriel, le mot « chose » est d'une banalité effarante. Pourquoi l'utilise-t-on avec tant de fréquence alors qu'il existe un mot adapté à chaque contexte. Qu'est-ce qu'une chose finalement? On porte des <u>choses</u> tous les jours pour se protéger des éléments, on mange des <u>choses</u> sucrées, salées ou épicées, on utilise des <u>choses</u> pour construire des maisons; on fait des <u>choses</u> pour se maintenir en forme, on apprend des <u>choses</u> à l'école; parfois les <u>choses</u> de la vie sont imprévisibles. On regarde des <u>choses</u> à la télévision pour se divertir ou s'informer. Quelquefois, on raconte des <u>choses</u> pour distraire des amis ou éviter de dire la vérité. Il arrive aussi de temps en temps que la parole traduise mal les <u>choses</u> que l'on ressent. On dit souvent que les meilleures <u>choses</u> ont une fin. Mais veut-on dire par cela? Le mot « chose » est un véritable caméléon qui épouse toutes les formes, qui prend toutes les couleurs et qui nous permet d'être évasif quand le besoin s'en fait sentir.

Ensuite, à l'aide d'un dictionnaire de synonymes, trouvez des équivalents à chaque mot remplacé. Il n'est pas question de prendre le premier synonyme venu, mais *de choisir un ou plusieurs mot(s) nouveau(x)*. Bien comprendre le sens et identifiez aussi le niveau de langue associé si le mot choisi est familier ou argotique (voir dans le tableau ci-dessous). Faire un tableau comme le modèle.

Exemple : *On porte des <u>choses</u> tous les jours pour se protéger des éléments.*

On porte des vêtements, des habits, des affaires, des accoutrements, des costumes, des hardes, des fringues, des sapes, des pelures.

Vêtement (m)	Terme neutre et général.
Habits (m)	Terme général avec une légère connotation ancienne. On parle encore des habits du dimanche, comme on faisait autrefois. C'est un peu plus formel.

Affaires (f)	Terme vague qui englobe tous les types d'objets ou effets personnels.
Accoutrements (m)	Terme vieilli. De nos jours, habillement ridicule, étrange, loufoque (= bizarre).
Costumes (m)	Terme qui décrit les vêtements habituels particuliers à un pays; pièce d'habillement (un costume trois pièces : pantalon, gilet, veste).
Hardes (f)	Terme vieilli ou régional. Vêtements pauvres et usagés.
Fringues (f)	Terme familier. Vêtements.
Sapes (f)	Terme argotique. Vêtements.
Pelures (f)	Terme populaire et figuré.

1.9

REMPLACEMENT DES ADVERBES LOURDS

Sensibilisation

Les adverbes, dits lourds, appartiennent principalement à la catégorie des adverbes de manière se terminant en « –ment ». L'emploi fréquent de ces adverbes alourdit le style. Il existe plusieurs façons de les remplacer. Toutefois, cela ne signifie pas qu'il ne faille jamais les employer. La modération est toujours recommandée.

Objectifs d'apprentissage

À la fin de cette section, vous pourrez :

- remplacer les adverbes lourds avec des verbes plus précis, des adverbes plus courts et des locutions adverbiales;
- reformuler un texte pour éviter les adverbes lourds se terminant par –ment.

Exercice 1

À l'aide d'un dictionnaire de synonymes, faites l'exercice suivant.

Pour chaque adverbe se terminant en « –ment » ci-dessous, trouvez une locution adverbiale ou un adverbe plus court et qui ne se termine pas par « –ment ».

Exemple : *Immédiatement : tout de suite (locution adverbiale).*

1. fréquemment =
2. rapidement =
3. quasiment =
4. considérablement =
5. précédemment =

6. principalement =
7. préférablement =
8. correctement =
9. actuellement =
10. simultanément =

Verbe + ADVERBE DE MANIÈRE

Lorsque l'adverbe en « -ment » modifie un verbe, on remplace l'ensemble « verbe + adverbe » par un verbe unique traduisant le même sens. Le contexte sera important. Parfois, selon ce contexte, un même ensemble « verbe + adverbe » pourra être remplacé par des verbes différents.

VERBE + ADVERBE DE MANIÈRE

VERBE UNIQUE SYNONYME

Exemples : *Détruire entièrement une population = anéantir une population.*
Détruire entièrement des termites = exterminer des termites.
Détruire entièrement un bâtiment = raser un bâtiment.
Détruire entièrement un argument, une théorie = réfuter un argument, une théorie.
On voit dans l'exemple ci-dessus que le contexte permet de choisir le terme exact.

Exercice 2

Remplacez chaque groupe : « verbe + adverbe de manière » ci-dessous par un verbe unique synonyme.
Exemple : *Inonder entièrement un terrain = submerged.*

1 Il a payé entièrement sa dette.
2 Le jardinier a enlevé complètement la plante du sol. (deux possibilités)
3 Le pirate a complètement retiré le trésor du sable.
4 L'ouvrier a percé entièrement le mur avec sa perceuse.
5 La chercheure se donne entièrement à sa recherche.
6 Le couple se donne entièrement à leurs parents.
7 La jeune nageuse se donne totalement à son sport préféré.
8 On dit que les ogres mangent gloutonnement leurs repas. (trois possibilités)
9 L'espion a rempli complètement sa mission. (deux possibilités)
10 L'enfant s'endort légèrement sur les genoux de son père.
11 Le chat dort légèrement (ou d'une oreille) au soleil. (deux possibilités)
12 Ma main frôle légèrement le visage de mon enfant.

13 En tombant de vélo, la petite fille <u>s'est blessé légèrement</u> le genou. (trois possibilités)

14 Le ministre <u>suggère sournoisement</u> que le secrétaire d'état est un menteur.

15 En allant à la pâtisserie tous les jours, la vieille dame <u>satisfaisait pleinement</u> son désir de sucreries.

Exercice 3

Améliorez les phrases suivantes sur le même modèle.

1 Cet argent a pour but de <u>remplacer équitablement</u> la perte de vos biens.
2 La Ministre de l'environnement <u>a vivement recommandé</u> cette solution.
3 L'enseignante <u>a résolu définitivement</u> cette délicate question de sac à dos volé.
4 Cette image <u>restera fortement marquée</u> dans ma mémoire. (deux possibilités)
5 Le journaliste <u>était enfermé illégalement</u> depuis plusieurs mois.
6 Le ragoût <u>cuit doucement</u> depuis deux heures.
7 Elle <u>a disparu furtivement</u> de la réunion.
8 Le Président <u>dépense inconsidérément</u> les fonds publics.
9 Le gouvernement <u>a publié officiellement</u> la nouvelle loi sur la consommation du cannabis.
10 Tu parviens toujours <u>à éviter adroitement</u> les questions gênantes.

Sujet + verbe + ADVERBE

Dans certains cas, une autre formule offre une solution de rechange. On remplace l'adverbe par un verbe de la même famille ou de même sens, et on met le verbe à l'infinitif. Ce dernier devient alors complément du nouveau verbe. NOTEZ qu'il peut être introduit par une préposition.

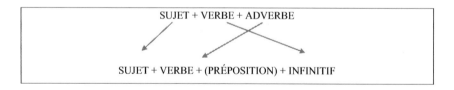

Le verbe de la même famille que « finalement » est « finir », qui, avec la préposition « par » a le même sens que l'adverbe.

Exemple : Nous <u>rentrerons finalement</u> chez nous. = Nous finirons par rentrer chez nous.

Dans l'exemple ci-dessous, il n'existe pas de verbe formé sur la même racine que l'adverbe. Par contre, on utilise « ne pas tarder à » qui traduit le même sens que « bientôt ».

Exemple : *Les enfants <u>reviendront bientôt</u> de l'école. = Les enfants <u>ne tarderont pas à rentrer</u> de l'école.*

Exercice 4

Améliorez les phrases suivantes de la même façon. Utilisez l'une ou l'autre des formules selon les cas.

1   Malgré les difficultés financières, les chercheurs poursuivent <u>obstinément</u> leurs travaux de recherche.
2   Tu as quitté ton emploi <u>volontairement.</u>
3   Elle a répondu <u>tardivement</u> à mon invitation.
4   Mes parents se sont <u>finalement</u> décidés à changer de voiture.
5   Ce jeune athlète progresse <u>continuellement.</u>

Verbe + ADVERBE + complément

Une autre solution consiste à remplacer le « verbe + adverbe » par un ensemble « nom + adjectif ». On opte pour cette solution pour éviter une répétition ou une accumulation d'adverbes.

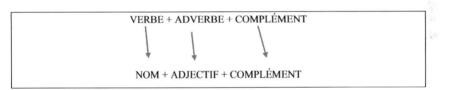

VERBE + ADVERBE + COMPLÉMENT

NOM + ADJECTIF + COMPLÉMENT

Exemple : *Je désire <u>qu'on répartisse équitablement</u> les bénéfices.* = *Je désire <u>une répartition équitable</u> des bénéfices.*

Exercice 5

Améliorez les phrases suivantes selon l'exemple ci-dessus.

1   L'opposition a cédé après <u>avoir résisté énergiquement.</u>
2   L'entraîneur a promis à l'équipe <u>qu'elle gagnerait facilement</u> le match.
3   Ma cousine a annoncé qu'elle <u>partait prochainement</u> en Asie.
4   Arrête de <u>te plaindre continuellement.</u>
5   La police avait commencé <u>à surveiller discrètement</u> cette maison.

Sujet + verbe + ADVERBE + adjectif

Si l'adverbe de manière modifie un adjectif, on <u>remplacera l'ensemble « adverbe + adjectif » par un adjectif unique</u> traduisant la même idée. Cette solution de remplacement concerne principalement les adverbes ayant le sens de « très » ou « trop » tels que : extrêmement, vivement, vraiment, réellement.

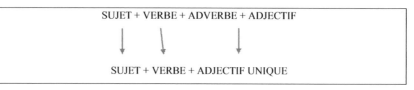

Exemple : *J'aime boire une eau <u>extrêmement claire</u>. = J'aime boire une eau <u>limpide</u>.*

Exercice 6

Améliorez les phrases suivantes suivant le même modèle. Servez-vous de votre langue maternelle pour trouver ces adjectifs uniques.

1   Votre explication est <u>vraiment claire</u>. (trois possibilités)
2   Toute sa vie, David Suzuki a mené une <u>lutte extrêmement forte</u> pour la protection de l'environnement.
3   Nous avons connu des étés <u>extrêmement chauds.</u>
4   Le blizzard est un vent <u>extrêmement froid</u>.
5   La girafe a un cou <u>exagérément long.</u>
6   Sa mère exerce sur lui une <u>vraiment mauvaise</u> influence.
7   Ces étudiants débutants possèdent une connaissance <u>particulièrement élémentaire</u> de la langue.
8   Ce chien a un appétit <u>terriblement avide.</u>
9   La doyenne de la Faculté assume des responsabilités <u>extrêmement lourdes.</u>

Reformulation de texte

Il est temps de passer à la reformulation d'un petit paragraphe contenant de nombreux adverbes lourds. Première étape, traduisez le texte en anglais et observez quels adverbes ont été utilisés en anglais. Deuxième étape, traduisez le texte en français. Troisième étape, réorganisez le texte afin de lui donner plus de fluidité. N'oubliez pas que cette reformulation est cumulative. Il faut certes remplacer les adverbes mais aussi penser à ce qui a été étudié dans les chapitres précédents.

Reformuler un paragraphe contenant des adverbes lourds est une tâche <u>particulièrement</u> ardue. Il est <u>extrêmement</u> difficile de les remplacer ou de les éviter. Si on les utilise <u>continuellement</u>, c'est parce qu'ils permettent <u>vraiment</u> de préciser les circonstances de lieu, de temps ou de manière dans lesquelles se déroule l'action du verbe. En dépit de leur nom, les adverbes ne modifient pas <u>seulement</u> des adverbes, mais ils changent aussi <u>radicalement</u> le sens d'adjectifs. Les adverbes lourds se remarquent par leur longueur tels que « anticonstitutionnellement »! Il est <u>certainement</u> problématique de les éviter, car ils expriment <u>exactement</u> ce que l'on veut dire. Par conséquent, comme dans toute chose, la modération est <u>fortement</u> recommandée.

PARTIE II
Allègement des phrases

Dans cette partie, le travail s'effectuera au niveau de l'organisation de la phrase et non plus au niveau du vocabulaire usuel. La préoccupation principale n'est plus de remplacer un mot d'une catégorie donnée par un autre mot d'une même catégorie, mais de transformer la construction de la phrase, c'est-à-dire la nature et l'agencement des propositions. L'objectif principal est donc l'allègement des phrases et des groupes de phrases pour former des paragraphes sans répétitions et redondance. Ce sera aussi l'occasion d'appliquer les formules d'amélioration étudiées dans la première partie : préciser les idées et enrichir le vocabulaire utilisé. On pourra alléger un paragraphe de quatre manières différentes : suppression de la proposition relative et de la proposition conjonctive, de la négation et du passif.

Tout comme dans la première partie, on trouvera, à la fin de chaque section, une reformulation de texte. C'est dans ce type d'exercice que la *traduction inversée* (mentionnée dans la préface) va jouer un rôle. Ce micro-enseignement procède en étapes. Dans un premier temps, il faudra souligner les redondances syntaxiques et immédiatement penser à une substitution possible en français ou en anglais. Si la substitution est en anglais, se questionner pour savoir si elle est la plus appropriée dans le contexte du texte. Dans un deuxième temps, traduire tout le texte en anglais en s'attachant à le rendre agréable à lire. Enfin, dans un troisième temps, le retraduire en français en tenant compte des changements stylistiques effectués en anglais. Comparer avec le texte original et voir quels changements ont été apportés. La *traduction inversée* est donc un outil d'analyse permettant de comparer, critiquer et réfléchir sur le texte de départ et de l'améliorer.

2.1

SUPPRESSION DE LA PROPOSITION RELATIVE

Sensibilisation

À quoi sert la proposition relative? On l'utilise lorsqu'on veut décrire une scène, une personne, une situation. Elle sert aussi à préciser une information. Malheureusement la répétition des pronoms « qui, que, dont » tend à alourdir le texte. Il est possible d'alléger les phrases pour leur donner un tour aisé et idiomatique. Supprimer la proposition relative permet aussi d'atteindre une plus grande concision en éliminant les longueurs inutiles d'un texte.

Par conséquent, on peut éliminer la relative en la remplaçant par un adjectif seul ou accompagné d'un complément de phrase, un nom, un participe passé ou un gérondif.

Objectifs d'apprentissage

À la fin de cette section, vous pourrez :

- remplacer la proposition relative par des adjectifs, des noms ou des groupes nominaux;
- alléger des phrases et des paragraphes;
- reformuler un texte pour éviter un surplus de propositions relatives.

Remplacement de la proposition relative introduite par « qui ou que » par un adjectif seul.

Exemples : *Un coureur à pied <u>qui résiste à la fatigue</u>. = Un coureur à pied <u>endurant</u>.*
Des paroles <u>qui n'ont pas de logique</u>. = Des paroles <u>décousues</u> ou illogiques.

Exercice 1

En suivant le modèle ci-dessus, comment appelle-t-on?

1. Une personne qui croit tout ce qu'on lui dit. (deux possibilités)
2. Un jugement qui ne peut plus être changé. (deux possibilités)
3. Une peuplade qui n'a pas d'habitation fixe.
4. Une peuplade qui a une résidence fixe.
5. Une plante qui vient du même pays.
6. Un fruit qui vient d'un pays lointain.
7. Une population qui vit en ville. (deux possibilités)
8. Un plat qui a du goût.
9. Une activité qui ne s'arrête jamais. (deux possibilités)
10. Une plante qui meurt au bout d'un an.
11. Une plante qui vit plus d'un an.
12. Un produit qui peut nuire à la santé. (deux possibilités)
13. Un silence qui en dit long.
14. Un travail qui demande beaucoup d'efforts.
15. Un texte qui n'a jamais été édité.
16. Un commerce qui se fait en fraude. (deux possibilités)
17. Un champignon que l'on peut manger.
18. Un champignon qui peut rendre malade ou tuer.
19. Des élèves qui sont en retard.
20. Une fleur qui ne vit qu'un jour.
21. Un animal qui ne se montre que le jour.
22. Un animal qui ne se montre que la nuit.
23. Un peuple qui aime la guerre.
24. Des nations engagées dans une guerre.
25. Une personne qui ne fait pas de concession.
26. Une gloire qui passe très vite.
27. Un terrain qui présente un relief inégal.
28. Une personne qui a les cheveux en désordre.
29. Des activités qui occasionnent des frais, des dépenses.
30. Un serpent qui est mortel.

Remplacement de la relative introduite par « qui ou que » par un nom

Dans l'exercice suivant, pour remplacer la proposition relative (avec *qui* ou *que*) par un nom, il suffira de faire une recherche de vocabulaire un peu plus poussée.

Exemple : *Celui qui pêche ou chasse illégalement : c'est un braconnier.*

Pour arriver à ce mot, il faut trouver les mots clés : <u>illégalement</u> et <u>pêcher ou chasser.</u> Dans un dictionnaire unilingue, vous trouverez à la rubrique « chasser » :

chasser sans permis (voir braconnier). Vous pourriez aussi passer par la traduction et vous demander comment traduire le nom « poacher ». Passer par la traduction s'avère être un bon moyen de trouver la solution.

Exercice 2

Trouver le mot précis en vous servant de la traduction comme dans l'exemple ci-dessus.

1. Celui qui ramasse les ordures ménagères.
   Mots clés : ordures et ramasse =

2. Celui ou celle qui paie des impôts.
   Mots clés : impôts et payer =

3. L'endroit où je vais.
   Mots clés : endroit et aller =

4. La route que j'emprunte pour aller à l'école.
   Mots clé : route =

5. L'endroit ou quatre routes se rencontrent.
   Mots clés : quatre routes et se rencontrer =

6. L'endroit ou quatre routes se croisent.
   Mots clés : quatre routes et se croiser =

Exercice 3

Dans cet exercice inverse, devinez le sens de l'adjectif et reconstituez la proposition relative.

Exemple : *Une personne friande de fromage. Une personne qui adore le fromage.*

1. Une personne originaire de France.
2. Une décision lourde de conséquences.
3. Un arbre dépouillé de ses feuilles.
4. Une rue privée d'éclairage.
5. Une personne sourde à vos demandes.
6. Une personne aveugle aux défauts des autres.
7. Une personne assidue aux réunions.
8. Un climat propice à la culture.
9. Un silence lourd de menaces.
10. Des jeunes issus de milieux défavorisés.
11. Des négociations vouées à l'échec.
12. Des versements échelonnés sur 10 ans.

Exercice 4

Remplacez les locutions nominales ci-dessous par une proposition relative pour faire ressortir le sens. Cherchez leur sens dans un dictionnaire unilingue.

Exemple : *Une visite à l'improviste. Une visite qui n'est pas prévue.*

1. Une personne en détresse.
2. Une armée en déroute.
3. Un appareil hors d'usage.
4. Un message d'intérêt public.
5. Un message d'intérêt général.
6. Une cérémonie d'ouverture.
7. Un couple en instance de divorce.

Remplacement de la relative construite avec « ce + qui ou ce + que » par un nom ou groupe nominal

Jusqu'à présent, nous avons remplacé des propositions relatives construites avec les pronoms relatifs « qui » et « que ». Dans les exercices de remplacement qui vont suivre, il s'agira de remplacer les propositions relatives construites avec « ce + pronom relatif » par un nom ou un groupe nominal.

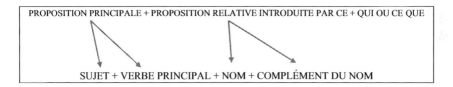

PROPOSITION PRINCIPALE + PROPOSITION RELATIVE INTRODUITE PAR CE + QUI OU CE QUE

SUJET + VERBE PRINCIPAL + NOM + COMPLÉMENT DU NOM

Exemple : *Nous examinerons de près ce que dit cette loi.*
Nous examinerons de près le texte de cette loi.
Exemples : *Pouvez-vous calculer ce que peut contenir cette salle? = Pouvez-vous calculer la capacité de cette salle.*
Voici tout ce qui entre dans cette recette. = Voici tous les ingrédients dans cette recette.

Exercice 5

En regardant les exemples ci-dessus, remplacez la proposition relative par un nom ou un groupe nominal. Afin de trouver la bonne solution, il faudra être logique et bien identifier le contexte.

1. Nous avons calculé ce que coûtera cette installation.
2. Cet ouvrage est ce qu'il y a de mieux en histoire de l'art.
3. Nous devons faire appel à tout ce qu'il y a pour sauver les baleines.
4. Le criminel a expliqué ce qui l'a poussé à agir ainsi. (deux possibilités)
5. Voici ce que nous étudierons dans ce cours de littérature. (deux possibilités)
6. Pour gagner cette épreuve, tu dois observer ce qu'il y a de moins fort chez ton adversaire.
7. Pour gagner cette épreuve, tu dois observer ce qu'il y a de plus fort chez ton adversaire.
8. Le Ministre des Affaires étrangères examine ce qui est nécessaire pour conclure cet accord.

Remplacement de la relative construite avec « OÙ » par un nom

Nous avons vu plus haut comment remplacer les relatives introduites par « qui et que » et « ce que, ce qui ». Or, il existe le pronom relatif « où » qui peut lui aussi être supprimé et remplacé par un nom choisi en fonction du sens. Ce pronom relatif « où » exprime trois notions de lieu différentes :

- le lieu où l'on est;
- le lieu où l'on va;
- le lieu d'où l'on vient (précédé de la préposition « de »).

La phrase complexe, composée d'une principale et d'une subordonnée relative, se transforme en une phrase simple (proposition indépendante).

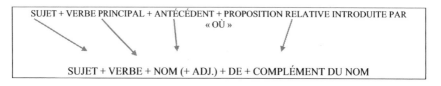

SUJET + VERBE PRINCIPAL + ANTÉCÉDENT + PROPOSITION RELATIVE INTRODUITE PAR « OÙ »

SUJET + VERBE + NOM (+ ADJ.) + DE + COMPLÉMENT DU NOM

Exemples : *Grenoble est le lieu où je suis né.* = *Grenoble est le lieu de ma naissance.* *Grenoble est le lieu où je passe mes vacances d'été.* = *Grenoble est le lieu de mes vacances,* *Je viens d'apprendre d'où vient le fromage Gruyère.* = *Je viens d'apprendre la provenance du fromage Gruyère.*

Le pronom relatif « où » exprime aussi le temps.
Exemple : *1998 est l'année où il est né.* = *1998 est l'année de sa naissance.*

Exercice 6

Remplacez « *la relative construite avec où* » en suivant les exemples ci-dessus.

1.   Quel est le pays <u>d'où provient</u> la tradition du sapin de Noël?
2.   Je lui ai montré les photos du chalet <u>où je passais</u> mes vacances.
3.   Le tarif du billet de train dépend de l'endroit <u>où vous voulez aller.</u>
4.   Il neigeait le jour <u>où je suis né.</u>
5.   Il faisait froid le jour <u>où ils se sont mariés.</u>
6.   Elle l'a aimée dès le moment <u>où elles se sont rencontrées.</u>

Remplacement de la proposition relative construite avec « qui et que » par un participe présent

La dernière façon de remplacer la proposition relative est certainement la plus simple. Il s'agit d'employer le participe présent du verbe de la proposition relative. Attention à ne pas en abuser car votre texte pourrait devenir plus lourd qu'avec la relative.

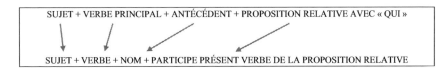

SUJET + VERBE PRINCIPAL + ANTÉCÉDENT + PROPOSITION RELATIVE AVEC « QUI »

SUJET + VERBE + NOM + PARTICIPE PRÉSENT VERBE DE LA PROPOSITION RELATIVE

Exemple : *Montrez-moi une pièce d'identité qui porte votre photo.* = *Montrez-moi une pièce d'identité portant votre photo.*

Exercice 7

Remplacez la relative en suivant le modèle ci-dessus.

1. Notre organisme attire des jeunes <u>qui viennent</u> de divers milieux sociaux.
2. La carrosserie de cette voiture est faite d'un nouveau métal <u>qui résiste</u> à la corrosion.
3. Ils rembourseront leurs prêts grâce à des versements <u>qui s'étalent</u> sur plusieurs années.
4. Les médiateurs entreprennent une démarche <u>qui doit</u> aboutir à la signature d'un accord.
5. Cette région jouit d'un climat <u>qui convient</u> à la culture des pommes.

Reformulation de texte

Les deux paragraphes suivants contiennent de nombreuses propositions relatives qui alourdissent le texte. Remplacez ces propositions relatives en utilisant les techniques vues dans les exercices précédents. Dans un premier temps, soulignez les propositions relatives. Ensuite, trouvez la solution pour les remplacer. Il se peut que vous en gardiez quelques-unes si vous ne trouvez pas de façons de les améliorer. Dans l'intention d'améliorer le style, pensez aussi à utiliser ce que vous avez vu dans la Partie I (la précision du vocabulaire).

Texte 1

Une histoire vraie

Voici une histoire qui est incroyablement vraie. C'était l'année où j'ai eu 16 ans. Tous les jours où il y avait classe, je marchais jusqu'à la rue où passait l'autobus et je l'attendais à l'arrêt qui est en face de la poste. Jusqu'ici, tout ce que je raconte est tout à fait banal. Mais ce qui va se passer ensuite sort de l'ordinaire.

Un matin d'hiver qui était très, très froid, j'ai manqué l'autobus. Mon école était très sévère avec les élèves qui arrivaient en retard. Je cherchais donc un moyen qui me permettrait d'arriver en classe à temps et qui ne coûterait pas trop cher. Prendre un taxi était une solution qui occasionnerait trop de frais. J'ai alors décidé de faire de l'auto-stop, même si mes parents me l'avaient toujours interdit. Cette interdiction qui reposait sur la crainte d'un enlèvement me semblait absurde.

La première voiture qui passait devant moi a ralenti et s'est arrêtée. Mon père! Dans un silence qui en disait long, il m'a fait signe de monter. Il m'a demandé où j'allais. J'ai répondu d'une voix qui tremblait : « à l'école, j'ai manqué l'autobus ». Il m'a demandé : « Quelle école? » en m'adressant un regard qui en disait long. Il avait décidé de faire comme s'il ne me connaissait pas! Je lui ai indiqué la route qu'il fallait suivre. Sans un mot, il m'a fait descendre devant l'école et il est reparti. Le soir, dans l'autobus qui me ramenait chez moi, j'imaginais avec crainte l'accueil que mes parents me réserveraient. Mais à mon arrivée, mon père m'a juste dit : « Tu ne devrais pas parler avec des gens que tu ne connais pas. »

Texte 2

Un beau campus

J'ai un ami qui habite sur le campus de l'université de la Colombie Britannique qui est magnifique. Il me vante constamment la beauté de cet endroit. D'abord, il est situé sur un promontoire rocheux qui domine deux baies : English Bay et Howe Sound. Ce qui est le plus remarquable sur ce campus, c'est la verdure. En effet, le parc régional Pacific Spirit qui borde le campus à l'est offre 70 km de chemins que randonneurs, cyclistes et cavaliers peuvent emprunter. Le nombre de pistes qui est très grand permet de se promener dans des forêts ancestrales, des marécages et de jolies clairières qui offrent à qui sait regarder, des fougères variées, des champignons et des lichens. Coyotes, ours noirs, ratons laveurs, cervidés sont les animaux qui habitent ce domaine verdoyant. Lorsqu'on sort du parc vers le sud-ouest, il n'est pas rare de voir des aigles à tête blanche qui tournoient au gré du vent qui vient de la mer. On peut aussi faire une randonnée à pied qui fait tout le tour du promontoire où se trouve cette université. Toutefois, il faut faire bien attention aux marées qui pourraient vous surprendre.

Mais si la nature n'est pas à votre goût, vous pouvez visiter le musée anthropologique qui expose des totems et contient de nombreux objets qui proviennent des premières nations qui étaient les premiers habitants de ce territoire qui n'a jamais été cédé aux colons. Si les fleurs et les plantes vous passionnent, n'oubliez pas de visiter le jardin botanique qui propose une promenade dans les airs sur des chemins qui sont suspendus entre les arbres. Ce n'est pas pour ceux qui ont le vertige! Si vous préférez quelque chose qui est plus calme et raffiné, allez donc assister à la cérémonie du thé dans le pavillon japonais du jardin botanique. Et si votre visite vous amène en automne, ne manquez pas le festival des pommes!

2.2

SUPPRESSION DE LA PROPOSITION CONJONCTIVE

Sensibilisation

La proposition conjonctive est une proposition introduite par une conjonction de subordination. Cette dernière relie deux propositions : une proposition principale qui contient l'événement principal et une proposition subordonnée qui contient les circonstances de cet événement par un rapport logique : de cause, de conséquence, de comparaison, de condition, de but, de temps, de manière ou de concession.

Objectifs d'apprentissage

À la fin de cette section, vous pourrez :

- remplacer la proposition conjonctive avec des verbes causatifs, des groupes prépositionnels suivis d'un infinitif, des participes présents, passés et des gérondifs;
- alléger des phrases et des paragraphes contenant des propositions conjonctives;
- reformuler un texte pour éviter un surplus de propositions conjonctives et en utilisant un vocabulaire précis.

Exercice 1

Révision du sens des principales conjonctions. À l'aide d'un livre de grammaire, donnez l'idée contenue dans les conjonctions de subordination ci-dessous, ainsi qu'un exemple faisant bien ressortir le sens de la conjonction. La liste n'est pas exhaustive.

Exemple : *Parce que* = *introduit la cause de l'événement exprimé dans la proposition principale.*

Elle partira parce qu'elle est malheureuse dans sa famille.

L'événement   **la cause** de l'événement

1. Puisque :
2. Bien que :
3. Quand :
4. Alors que : (deux possibilités)
5. Quoique :
6. Pour que :
7. Comme : (quatre possibilités)
8. Afin que :
9. Pendant que : (deux possibilités)
10. Tandis que :
11. Avant que (+ subjonctif) :
12. Après que (+ indicatif) :
13. Lorsque :
14. Dès que :
15. Sans que :
16. De sorte que : (trois possibilités)
17. Depuis que :
18. Si :
19. Pourvu que :
20. Jusqu'à ce que :

Exercice 2

Identifiez (entre parenthèses) le sens de la conjonction dans chacune des phrases ci-dessous.

Exemple : *La neige avait cessé de tomber <u>alors que</u> nous prenions la route (simultanéité).*

1. Elles ont vendu leur voiture <u>parce que</u> l'assurance était trop chère.
2. Vous me traitez <u>comme</u> je m'y attendais.
3. <u>Comme</u> Paul arrivait, Jean partait.
4. Le chat avait trop mangé d'herbe <u>de sorte qu</u>'il a vomi.
5. Nous irons à Whistler <u>pourvu que</u> la route soit dégagée.
6. <u>Après que</u> tu auras fini ton examen, tu le porteras au professeur.
7. <u>Quoi que</u> la critique en dise, ce film est un navet!
8. <u>Puisque</u> l'eau était coupée, ils ne pouvaient plus se laver.
9. Ella a partagé le gâteau en 12 parts de sorte que tous les enfants en aient un morceau.

Exercice 3

Afin de montrer la maîtrise des conjonctions, cherchez le sens dans un dictionnaire unilingue et composez une phrase pour chacune des dix conjonctions de la
liste ci-dessous. Attention au mode du verbe : indicatif ou subjonctif. Soulignez
la subordonnée conjonctive circonstancielle et expliquez son rapport à la proposition principale :

Exemple : *Je suis arrivée en retard parce que j'ai manqué l'autobus.* = La *cause*

1. Ainsi que :
2. Avant que :
3. De peur que :
4. De telle sorte que :
5. Comme :
6. Au cas où :
7. Jusqu'à ce que :
8. Comme :
9. Si bien que :
10. À :

Remplacement de la proposition conjonctive de cause par « faire causatif + un groupe nominal ».

On peut remplacer la proposition principale et la proposition subordonnée conjonctive de cause (introduite par : *parce que, puisque, comme, étant donné que*) par
« faire causatif + un groupe nominal ».

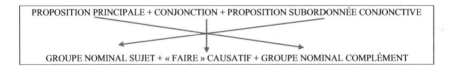

PROPOSITION PRINCIPALE + CONJONCTION + PROPOSITION SUBORDONNÉE CONJONCTIVE

GROUPE NOMINAL SUJET + « FAIRE » CAUSATIF + GROUPE NOMINAL COMPLÉMENT

La subordonnée conjonctive de cause représente la cause de la proposition
principale. On la remplace par un nom ou un groupe nominal qui deviendra
le sujet de la nouvelle phrase. Dire que quelqu'un est coléreux, c'est parler de
sa colère. Ce groupe nominal devient le sujet d'un verbe exprimant la cause :
« faire causatif ». Ce nouveau verbe aura un groupe nominal complément pour
remplacer la proposition principale.

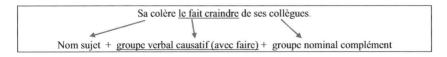

Sa colère le fait craindre de ses collègues.

Nom sujet + groupe verbal causatif (avec faire) + groupe nominal complément

NOTEZ : La place de la subordonnée dans la phrase n'a aucune importance et n'influence pas la formule. Et on arrive au même résultat.

Exemple: *Parce qu'il est coléreux, ses collègues le craignent.* = *Sa colère le fait craindre de ses collègues.*

Exercice 4

Transformez les phrases suivantes selon l'exemple ci-dessous.

Exemple : *Parce que la route était glissante, la voiture s'est renversée.* = *La route glissante a fait renverser la voiture.*

1. Ces politiciens ont perdu tout contact avec la réalité <u>parce qu</u>'ils recherchent trop la gloire.
2. <u>À cause d'un</u> héritage inattendu, ma meilleure amie est devenue très riche.
3. <u>Étant donné que</u> les élections approchent, le gouvernement prend des mesures populaires.
4. Vous avez réussi facilement <u>puisque</u> vous aviez bien préparé cet examen.

Remplacement de la proposition conjonctive de cause par « rendre causatif + un adjectif ».

La même formule de remplacement s'applique aussi au verbe « rendre » qui a un sens causatif lorsqu'il est suivi d'un adjectif. Même remarque que plus haut, cette formule s'applique quelle que soit la place de la proposition conjonctive.

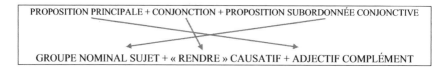

```
PROPOSITION PRINCIPALE + CONJONCTION + PROPOSITION SUBORDONNÉE CONJONCTIVE

GROUPE NOMINAL SUJET + « RENDRE » CAUSATIF + ADJECTIF COMPLÉMENT
```

Exemple : *Il est nerveux parce que les examens approchent.* = *L'approche des examens le rend nerveux.*

Exercice 5

Améliorez les phrases suivantes en utilisant le verbe « rendre causatif » comme dans l'exemple ci-dessous.

1. Comme ma tante souffre d'insomnies, elle est devenue très fragile.
2. Étant donné que votre moyenne générale est excellente, vous êtes admissible à l'école de droit.
3. Comme la tempête approche, les automobilistes se montrent prudents.

4. Vous devenez confiante en l'avenir parce que votre entreprise prospère.
5. Cet auteur est devenu encore plus célèbre parce qu'il a remporté le Prix Nobel de littérature.

Remplacement de la proposition conjonctive de cause par « d'autres verbes à sens causatif »

La formule précédente ne se limite pas aux seuls verbes « faire » et « rendre » : on peut l'appliquer à d'autres verbes ayant un sens causatif. Même remarque que plus haut, cette formule s'applique quelle que soit la place de la proposition conjonctive.

Exemple : *Il est inquiet parce que les examens approchent. = L'approche des examens l'inquiète.*

Exercice 6

Transformez les phrases suivantes en trouvant les <u>verbes causatifs</u> appropriés. Vous aurez besoin d'un dictionnaire unilingue ou bilingue pour trouver les verbes les plus précis possibles.

1. J'ai eu un accident parce que la route était enneigée. (deux possibilités)
2. Comme vous êtes citoyen britannique, vous êtes dispensé de visa.
3. Nous nous montrons prudents puisque l'orage approche.
4. Puisqu'ils ont pris des cours privés, ils ont beaucoup progressé.
5. Elles ont gagné l'estime de tout le monde à cause de leur sens des valeurs humaines. (trois possibilités)

Remplacement de la proposition conjonctive par « d'autres verbes exprimant la même idée que la proposition conjonctive »

Il est possible d'élargir ce type de solution aux autres conjonctions, en les remplaçant elles aussi par un verbe exprimant la même idée que la proposition subordonnée conjonctive.

NOTEZ: la place de la proposition conjonctive, en début de phrase.

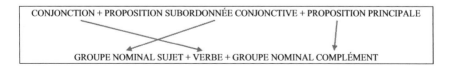

CONJONCTION + PROPOSITION SUBORDONNÉE CONJONCTIVE + PROPOSITION PRINCIPALE

GROUPE NOMINAL SUJET + VERBE + GROUPE NOMINAL COMPLÉMENT

Exemple : *Lorsqu'on est malheureux, plus rien ne nous intéresse. = Le malheur nous fait perdre tout intérêt (nous rend indifférent à tout; nous enlève tout intérêt).*

Exercice 7

Allégez les phrases suivantes en suivant l'exemple ci-dessus.

1. Lorsqu'on dort, on oublie tous les soucis. (deux possibilités)
2. Quand nous pensons à notre enfance, nous devenons très émus. (deux possibilités)
3. Bien que la maison d'édition lui fasse de grandes promesses, cet auteur reste indifférent. (deux possibilités)
4. Dès que le médecin subit la moindre contrariété, il est exaspéré.
5. Puisqu'il est tard, je doute de votre arrivée.
6. Si vous ne respectez pas les échéances, je serai obligée d'avertir votre supérieur.
7. Comme je travaille à plein temps, je n'ai pas beaucoup le temps de m'occuper des devoirs de mes enfants.

Il existe une autre possibilité de remplacement. Il s'agit de :

• garder intact la proposition principale;
• remplacer la conjonction de subordination par la préposition lui correspondant;
• remplacer la proposition subordonnée conjonctive par un groupe nominal complément du verbe de la proposition principale.

Cette phrase complexe devient alors une phrase simple, une proposition indépendante. Ce qui permet d'alléger un texte où abonde les phrases complexes.

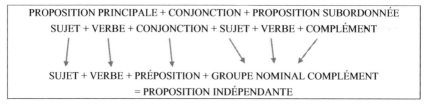

PROPOSITION PRINCIPALE + CONJONCTION + PROPOSITION SUBORDONNÉE
SUJET + VERBE + CONJONCTION + SUJET + VERBE + COMPLÉMENT

SUJET + VERBE + PRÉPOSITION + GROUPE NOMINAL COMPLÉMENT
= PROPOSITION INDÉPENDANTE

Exemples : *Tout est perdu <u>à moins qu'un miracle ne se produise</u>.* = *Tout est perdu à moins d'un miracle.*
Elle m'a écrit <u>sans que sa mère ne le sache</u>. = *Elle m'a écrit à l'insu de sa mère.*

Exercice 8

Allégez les phrases en remplaçant la proposition subordonnée conjonctive en suivant les modèles ci-dessus. Servez-vous d'un dictionnaire unilingue ou bilingue afin de trouver le verbe le plus approprié à la situation. La place de la subordonnée n'a pas d'importance.

1. Les vacances d'été semblaient plus longues lorsque nous étions enfants.
2. Les oiseaux se taisent dès que la nuit tombe. (trois possibilités)
3. Vous refusez que nous vous aidions?
4. L'infirmière veille sur le bébé prématuré pendant qu'il dort.
5. Depuis que ce musée a été fondé, l'intérêt pour la culture renaît.
6. Bien qu'elle ait abandonné la compétition depuis longtemps, cette athlète reste très populaire.
7. Cet enfant n'ose pas réciter le poème en public parce qu'il est timide.
8. Pense à fermer toutes les fenêtres avant que la nuit ne tombe.
9. Cette actrice a toujours reçu des contrats bien qu'elle soit très coléreuse.

Remplacement de la proposition conjonctive avec un groupe prépositionnel avec infinitif

Toujours sans modifier la proposition principale, on peut remplacer le groupe « conjonction + proposition subordonnée » par le groupe « préposition + infinitif », à condition qu'il existe une préposition correspondant à la conjonction. L'infinitif pourra être présent ou passé, actif (si le sujet du verbe principal est le même que celui de la subordonnée) ou passif (si le sujet de la principale est le complément de la subordonnée.

PROPOSITION PRINCIPALE + CONJONCTION + PROPOSITION SUBORDONNÉE CONJONCTIVE

SUJET + VERBE + PRÉPOSITION + INFINITIF COMPLÉMENT

Exemple : *Prévenez-moi quand vous aurez fini. = Prévenez-moi après avoir fini (infinitif passé actif).*

NOTEZ : Le sujet (non exprimé à l'impératif) de la proposition principale est le même que celui de la proposition subordonnée (vous). La conjonction « quand » n'a pas d'équivalent prépositionnel exact, mais on peut logiquement lui faire correspondre la préposition « après » + infinitif passé puisque l'action de la proposition subordonnée se passe après celle de la principale.

Exemple : *Elle mérite qu'on la plaigne et non qu'on la provoque. = Elle mérite d'être plainte et non d'être provoquée (infinitif passif).*

NOTEZ : Le sujet de la proposition principale (elle) est différent de celui de la proposition subordonnée (on).

Exercice 9

Transformez les phrases en suivant les exemples ci-dessus. Remplacez la proposition subordonnée soulignée par un <u>infinitif introduit par une préposition.</u>

1. <u>Pour que vous puissiez</u> vous inscrire, vous devez soumettre un dossier.
2. Nous ne pourrons pas nous inscrire, <u>à moins que nous obtenions</u> une dérogation.
3. Le chanteur n'a pas osé sortir de l'hôtel <u>de peur qu'on le reconnaisse.</u>
4. Nous arriverons avant la nuit, <u>à condition que nous partions</u> de bonne heure le matin. (deux possibilités)

Remplacement de la proposition conjonctive de cause ou de temps par un participe présent, un participe passé ou un gérondif

Si la proposition principale et la proposition subordonnée ont le même sujet, et si la conjonction exprime la cause, l'origine, le moyen (*parce que, comme*), la simultanéité (*dès que, aussitôt que*) ou l'antériorité (*après que*), on remplace l'ensemble « conjonction + proposition subordonnée » par un « participe présent ou un gérondif ».

Exemples : *Je suis venu à votre réception <u>parce que</u> je pensais vous faire plaisir.* = *Je suis venu à votre réception <u>pensant</u> vous faire plaisir.*

Elle a obtenu son brevet de pilote <u>parce qu'elle a beaucoup travaillé</u>. = *Elle a obtenu son brevet de pilote <u>en travaillant</u> beaucoup.*

On peut se poser la question sur la différence entre l'utilisation du participe présent et celle du gérondif. Dans le premier exemple (*pensant faire plaisir*), il s'agit d'une action qui progresse, nettement délimitée dans la durée. Elle a commencé avant la réception et elle se poursuit à la réception, mais elle terminera après la réception. Dans le deuxième exemple « en étudiant beaucoup », ce gérondif a une valeur de complément : il exprime le « comment ».

Si l'on veut marquer l'antériorité (l'action de la proposition subordonnée se passe avant celle de la proposition principale), on utilisera la forme composée du participe présent « ayant ou étant + verbe au participe passé ».

Exemple : *<u>Après qu'il eut répondu</u> au téléphone, il sortit.* = *<u>Ayant répondu</u> au téléphone, il sortit.*

Exercice 10

En appliquant les mêmes principes que ci-dessus, améliorez les phrases suivantes.

1. Parce que la route était glissante, la voiture s'est renversée.
2. Nous nous arrêterons chez notre oncle quand nous reviendrons de vacances.
3. Je suis allée voir ce comique parce que je pensais beaucoup rire, mais quelle déception!
4. Comme il souffre d'insomnies, il est toujours très irritable.
5. Étant donné que les élections approchent, le gouvernement met de l'avant des mesures populaires.

Reformulation de texte

Les deux paragraphes suivants contiennent de nombreuses propositions subordonnées conjonctives qui alourdissent le texte. Remplacez-les en utilisant les techniques vues dans les exercices précédents. Dans l'intention d'améliorer le style, pensez aussi à utiliser ce que vous avez vu dans la Partie I (la précision du vocabulaire).

Soulignez les propositions conjonctives et les conjonctions et remplacez-les autant que possible. Il n'est pas interdit d'en garder quelques-unes si la solution n'est pas évidente.

Texte 1

Anaïs

Lorsque Anaïs est née en 1920, ses parents vivaient à la campagne. Mais en 1930, avec la crise économique, la famille s'est installée à Chicago <u>parce qu'ils pensaient que la situation serait meilleure</u> dans une grande ville. <u>Après qu'il eut cherché</u> pendant quelques semaines, son père a trouvé du travail. <u>Bien que sa mère soit</u> de santé fragile, elle a pris un emploi comme ouvrière dans une usine <u>pour que la famille puisse vivre</u> plus confortablement. Quand Anaïs était encore enfant, elle faisait de petits travaux de couture pour quelques dollars, <u>quand elle sortait de l'école</u>. Dès que la crise a été finie, elle a créé son propre atelier de couture <u>afin que toute sa famille puisse</u> y travailler. <u>Comme les affaires prospéraient</u>, Anaïs a acheté d'autres petits ateliers. Aujourd'hui, elle est multimillionnaire.

Texte 2

Rêves de Scandinavie

Cela fait bien longtemps que je veux aller en Scandinavie. Je me dis que <u>quand j'aurai quelques économies</u>, je pourrais m'offrir ce voyage dans ces pays nordiques. On me demande toujours pourquoi je veux y aller <u>puisque c'est loin et que c'est très touristique</u>. <u>Bien que j'habite au nord du Canada</u>, je rêve de visiter ces pays. <u>Quoi que puissent en penser mes amis</u>, j'aime le froid, la neige, les glaciers et le brouillard. Et puis, il y a les Sagas, ces récits mythologiques de la littérature médiévale scandinave. <u>Comme j'ai fait mes études en littérature médiévale</u>, ces récits m'ont toujours fascinée à cause de leur longueur <u>et parce qu'ils ont</u> de magnifiques descriptions de ces dieux mythiques tels que Thor, Odin, Freya qui, depuis quelques années, semblent connaître un regain d'intérêt, <u>puisque les chaînes de télévision montrent</u> des séries telles que Vikings et Game of Thrones ainsi que tous les films avec les super héros. Mais les sagas sont différentes <u>parce qu'elles sont bien ancrées</u> dans l'histoire des pays scandinaves. Un jour, j'irai là-bas <u>pour que je découvre</u> en personne ce que j'ai appris dans les livres.

2.3

SUPPRESSION DE LA NÉGATION

Sensibilisation

La négation vise deux objectifs : marquer l'absence ou la non-existence d'un trait donné et atténuer la présence d'un trait négatif.

Exemple : *Tu n'es pas très patiente.*

Cette phrase indique soit l'absence de la qualité de la patience, soit la présence du défaut d'impatience. La première interprétation est plus douce, plus subtile que la seconde.

L'utilisation de la forme négative n'est justifiée que dans le premier cas. Il s'agit d'ailleurs d'une figure de style : la litote.

Si l'on veut indiquer la présence d'un trait négatif, on peut dire plus simplement : tu es <u>impatiente</u>, avec un adjectif porteur de sens négatif. Il sera possible de remplacer la négation par des verbes affirmatifs + adjectif, des verbes positifs, des locutions verbales affirmatives.

Objectifs d'apprentissage

À la fin de cette section, vous pourrez :

- éviter la négation en utilisant des verbes à sens positif, des locutions verbales positives;
- alléger un paragraphe contenant trop de négations;
- reformuler un texte de manière positive pour éviter un surplus de phrases négatives.

Exercice 1

À l'aide de dictionnaires bilingues et unilingues, complétez les définitions suivantes en utilisant des verbes de remplacement. Cherchez dans les dictionnaires le verbe négatif pour trouver dans les définitions le contraire de ce verbe. S'il n'y a pas de contraire, cherchez dans un dictionnaire anglais ce que l'on dirait, puis cherchez dans un dictionnaire bilingue la traduction. Attention à la construction des verbes de remplacement.

> Exemple : *Ne pas <u>réussir</u> **à** ses examens, c'est … <u>échouer</u> **à** ses examens.*
> *Ne pas <u>s'occuper **de**</u> sa santé, c'est … <u>négliger</u> sa santé (pas de préposition).*

1. Ne pas céder à la tentation, c'est …
2. Ne pas tenir sa promesse, c'est …
3. Ne pas avoir assez d'argent, c'est …
4. Ne pas garder un secret, c'est …
5. Ne pas accepter une invitation, c'est …
6. Ne pas fumer, c'est …
7. Ne pas dire la vérité, c'est … (deux possibilités)
8. Ne pas croire en la parole de quelqu'un, c'est …
9. Ne pas recommander un restaurant, c'est …
10. Ne pas renoncer à un projet, c'est …
11. Ne pas progresser, c'est … (deux possibilités)

Remplacement du VERBE NÉGATIF + complément avec un verbe affirmatif

Si la négation porte sur le verbe, un simple effort de vocabulaire suffit. On remplacera le verbe à la forme négative par le verbe affirmatif de sens contraire.

VERBE NÉGATIF + COMPLÉMENT

VERBE AFFIRMATIF + COMPLÉMENT

> Exemple : *Son attitude ne plaît pas à ses parents. = Son attitude déplaît à ses parents.*

Exercice 2

Améliorez les phrases suivantes sur ce principe. Pensez à chercher les contraires dans un dictionnaire unilingue.

1.   Heureusement, l'inondation n'a pas atteint la maison.
2.   Malgré les soins du médecin, la fièvre ne tombe pas.
3.   Les négociations avec le syndicat ne parviennent pas à aboutir.
4.   Julie ne sort plus avec Paul. (deux possibilités)
5.   La couleur du divan ne s'harmonise pas avec les rideaux.

Remplacement du VERBE NÉGATIF + complément avec une locution verbale

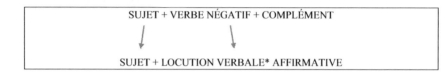

NOTEZ : La locution verbale est une réunion de mots qui exprime une idée unique et joue le rôle d'un verbe. Elle comprend toujours un verbe auquel se joint : un nom, un adjectif, un autre verbe.

Exemple (avec nom) : *Avoir <u>coutume</u> de, aller à <u>cheval</u>, faire <u>face</u> à, tenir <u>tête</u> à, etc.*

Exemple (avec adjectif) : *Avoir <u>beau</u>, se faire <u>fort</u> de, etc.*

Exemple (avec un autre verbe) : *Faire <u>savoir</u>, faire <u>croire</u>, etc.*

Exercice 3

Réécrivez les phrases ci-dessous en suivant le modèle ci-dessous.

Exemple : *Cette facture n'a pas été payée. = Cette facture reste en souffrance* (nom) *ou reste impayée* (adjectif).

1.   Malgré les recherches, le chien n'a pas été retrouvé.
2.   Tes efforts ne donnent pas de résultats.
3.   Le généreux donateur n'a pas donné son nom.
4.   Les opposants à la réforme ne cèdent pas.
5.   Le problème n'est toujours pas résolu.
6.   Le directeur de l'école n'a pas changé sa décision d'annuler les cours de théâtre.

Remplacement du VERBE NÉGATIF + complément avec un adjectif

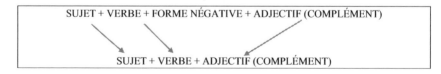

Exemple : *La route n'est pas droite. = La route est sinueuse.*

On élimine une négation inutile qui alourdit la phrase, et on précise la description en exprimant les qualités présentes, au lieu de se contenter d'indiquer les qualités absentes.

Exercice 4

Améliorez les phrases suivantes comme l'exemple ci-dessus.

1. Cette surface n'est pas lisse.
2. Ce plastique n'est pas transparent.
3. Ce n'est pas une vraie plante. (deux possibilités)
4. Vous n'avez pas pris la bonne route.
5. La mise à la porte n'est pas fréquente dans cette école.
6. Ces parents ne sont pas sévères avec leurs enfants.
7. De telles précautions ne sont pas vraiment utiles.
8. Les cours de français oral ne sont pas obligatoires.
9. Après les dernières élections, le gouvernement n'est plus majoritaire.
10. Il n'est pas d'un naturel confiant.

Reformulation de texte

Les deux paragraphes suivants contiennent de nombreuses négations qui alourdissent le texte. Remplacez celles qui sont soulignées en utilisant les diverses techniques vues dans les exercices précédents. Attention, lisez bien le texte avant pour comprendre les nuances. Dans l'intention d'améliorer le style, pensez aussi à utiliser ce que vous avez vu dans la Partie I (la précision du vocabulaire).

Texte 1

Une importante décision

Je n'ai plus le temps de réfléchir à cette importante décision. Pourtant, je ne veux pas me décider à la légère. La situation n'est pas facile : il me faut choisir entre deux possibilités dont aucune n'est inintéressante : partir ou ne pas partir.

Ne pas partir? Ce n'est pas désagréable car je n'aurais pas à quitter mes amis, mes proches. Je ne changerai rien à ma vie, à mes habitudes. Je ne me remettrai pas en question.

Partir? C'est l'occasion de tout recommencer ailleurs, dans un endroit où je ne connaîtrais personne, où je ne serais jamais venue auparavant, où plus rien ne subsisterait de mon passé.

Je ne parviens pas à me décider car je ne suis pas sûre de moi. J'ai peur de ne pas prendre la bonne voie. Je ne sais pas les conséquences de mon choix, mais ce qui ne fait pas de doute, c'est qu'une fois la page tournée, je ne pourrai pas revenir en arrière. Ce sera définitif.

Texte 2

ELLE

Cela faisait bien des jours qu'ELLE marchait, seule, dans ce paysage <u>qui n'était pas uniforme</u> où les torrents <u>qui n'étaient ni limpides ni faciles à franchir</u> dévalaient les pentes dans un bruit <u>qui n'était pas faible</u>. Plusieurs fois, ELLE <u>n'avait pas cédé</u> à la tentation de faire demi-tour et, chaque fois, elle s'était ravisée car <u>ne pas tenir sa promesse</u> lui pesait plus encore que ce voyage <u>qui n'en finissait pas</u>. ELLE <u>ne voulait pas renoncer</u> à sa quête puisqu'il en allait de la sécurité de son village. ELLE <u>n'était pas d'un naturel confiant</u> et lorsqu'elle avait rencontré quelques voyageurs dans cet environnement désolé, elle <u>n'avait pas parlé</u> de la raison de son périple. <u>Ne pas garder son secret</u>, bien enfoui au creux d'elle-même, aurait porté préjudice à ceux qu'elle aimait. Jour après jour, sa résolution guidait ses pas, malgré le fait qu'ELLE <u>n'avait plus de nourriture</u>, à part les quelques baies ramassées au passage car ELLE <u>ne voulait pas</u> compromettre sa mission en rentrant dans un village pour demander de la nourriture. On aurait voulu savoir d'où elle venait, où elle allait, pourquoi elle voyageait seule. ELLE aurait dû se justifier et elle <u>n'avait aucune intention</u> de le faire par peur des oreilles indiscrètes. Non, elle <u>ne devait pas</u> succomber à la tentation d'un bon repas et d'un lit douillet. Mais ELLE se devait de persévérer. <u>Ne pas renoncer</u>, ces trois mots martelaient son cerveau affaibli. <u>Ne pas renoncer</u>…

2.4

SUPPRESSION DE LA VOIX PASSIVE

Sensibilisation

La voix passive sert à marquer que le centre d'intérêt est l'élément qui subit l'action effectuée par une tierce personne. Elle exprime une nuance de sens importante dans l'intention de la communication. Lorsqu'il est question de style, les avis sont partagés. Certains affirment que le français préfère la voix active, alors que l'anglais aurait une prédilection pour la voix passive. Dans son livre « La traduction raisonnée », Jean Delisle (2008 : 425) affirme que la question n'est pas si simple et que la voix passive, si employée judicieusement, est tout à fait acceptable et se justifie. Le tout est de ne pas en abuser!

Objectifs d'apprentissage

À la fin de cette section, vous pourrez :

* utiliser diverses solutions[1] pour remplacer la voix passive;
* utiliser judicieusement la voix passive;
* alléger un texte contenant trop d'instances de voix passive.

---

1 NOTEZ

Le français offre plusieurs solutions de remplacement telles que :
* le pronom indéfini « on »;
* un verbe impersonnel (il faut);
* le verbe « voir » ou « se voir »;
* la voix pronominale;
* le verbe « se faire » + infinitif;
* la nominalisation du verbe.

Exercice 1

Traduisez les phrases suivantes. Attention, en français, seuls les verbes ayant un complément d'objet direct (verbes transitifs directs) peuvent se mettre au passif. La difficulté de traduction est soulignée.

1. <u>He was given</u> a gift certificate for his birthday. (deux possibilités)
2. <u>I am told</u> that you will be joining the team in the Spring. (deux possibilités)
3. <u>She is expected</u> to announce her promotion tomorrow. (deux possibilités)
4. <u>This castle was built</u> at the Renaissance.

Remplacement de la voix passive par la voix active

La solution la plus simple pour alléger une forme passive consiste à la tourner à la forme active. Il s'agit de la transformation la plus fréquente. Le sujet du verbe passif devient le complément d'objet direct du même verbe remis à la forme active. Le complément d'agent introduit par « par » ou « de » devient le complément d'objet direct de ce verbe.

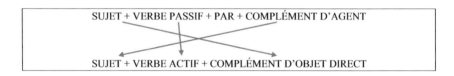

Exemple : *Ce cours est enseigné par un étudiant de doctorat. = Un étudiant de doctorat enseigne ce cours.*

Exercice 2

Remettez à la forme active les phrases passives ci-dessous.

1. Cette vieille bâtisse est entourée d'une haie de conifères.
2. Le patin à glace est apprécié par les Canadiens.
3. La réforme a été approuvée par la majorité des parlementaires.
4. Les vignobles n'ont pas été épargnés par la grêle.
5. Je suis très étonnée de sa réaction.

Remplacement de la voix passive par le pronom indéfini « on »

S'il n'y a pas de complément d'agent (celui qui fait l'action), on ne peut pas appliquer la solution précédente puisqu'il n'y a pas de sujet pour le verbe actif. C'est un des cas où le passif est justifié. Mais à cause des répétitions du verbe « *être* », on peut être amené à supprimer la forme passive, en ayant recours au pronom indéfini « on » comme sujet animé (= il représente une personne) du verbe actif.

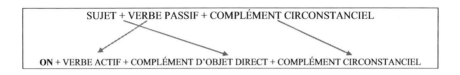

Exemple : *Cette école a été construite en 1850. = On a construit cette école en 1850.*

Exercice 3

En suivant le modèle ci-dessus, mettez à l'actif les phrases passives sans complément d'agent.

1. Ce diamant a été évalué à plus de 5 millions de dollars.
2. La loi sur la consommation de cannabis a été mise en vigueur cette année.
3. Aucune hypothèse n'a été écartée dans cette enquête.
4. Notre proposition a été rejetée.
5. Ce roman a été élu meilleur livre de l'année.

Remplacement de la voix passive par « il faut »

On peut aussi remplacer le verbe passif par une tournure impersonnelle telle que « il faut ». Dans ce cas, on conserve l'objet, mais on remplace le « sujet + verbe passif » par « il faut ».

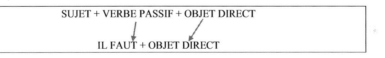

Exemple : *Approximately 4 pounds of apples are needed to make apple butter. = Il faut environ 4 livres (2kg) de pommes pour faire du beurre de pomme.*

Exercice 4

En les traduisant, mettez à l'actif les phrases passives selon le modèle ci-dessus.

1. More volunteers are needed to teach new immigrants.
2. More women are needed in scientific programmes.

Exercice 5

Composez deux phrases passives en anglais et traduisez-les en français en suivant le même principe.

1.
2.

Remplacement de la voix passive avec une locution verbale

On peut également remplacer le verbe passif par une locution verbale à la forme active sur le même principe que ci-dessus. On conserve le complément. NOTEZ le changement de préposition.

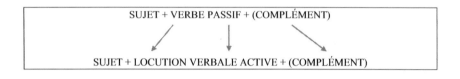

SUJET + VERBE PASSIF + (COMPLÉMENT)

SUJET + LOCUTION VERBALE ACTIVE + (COMPLÉMENT)

Exemple : *Votre nomination a été approuvée **par** le Ministère.* = *Votre nomination a <u>reçu l'approbation</u> **du** Ministère.*

Exercice 6

Améliorez les phrases suivantes en remplaçant le verbe passif par une locution verbale active comme dans le modèle ci-dessus.

1. Son intervention a été remarquée par le directeur du théâtre.
2. Elle est estimée par tous ses collègues.
3. Comment ces œuvres magnifiques ont-elles pu être oubliées?
4. Cet organisme a été créé en 2015.
5. Deux personnes ont été tuées sur l'autoroute hier. (deux possibilités)

Dans son livre « La Traduction : un pont de départ », Lappin-Fortin (2017, 232–233), tout comme Delisle (La Traduction raisonnée, 2008, 426–428), propose d'autres possibilités pour remplacer la voix passive. En voici quelques-unes.

Remplacement de la voix passive par les verbes « voir » et « se voir »

Exemple : *After finishing his doctorate, the young researcher <u>was offered</u> a position in the same department.* = *Ayant reçu son doctorat, le jeune chercheur <u>s'est vu offrir</u> un poste dans le même département.*

Exemple : *New conflicts <u>are being started</u> every day in the world.* = *Chaque jour <u>voit</u> <u>le développement</u> de nouveaux conflits partout dans le monde.*

Remplacement de la voix passive avec « se faire + infinitif »

Exemple : *The star <u>has her hair done</u> every day.* = *La célèbre actrice <u>se fait coiffer</u> chaque jour.*

Exemple : *Everyday, 50 elephants <u>are killed</u> for their ivory, according to the World Wildlife Fund.* = *D'après la Fondation mondiale pour la conservation de la faune, 50 éléphants <u>se font tuer</u> chaque jour pour leurs défenses en ivoire.*

Remplacement de la voix passive avec la voix pronominale

Exemple : *Caviar is best eaten cold.* = *Le caviar se mange frais.*
Exemple : *Work can always be approached from two different perspectives : either you love it or you hate it.* = *Le travail peut toujours s'aborder de deux perspectives différentes : soit on l'adore soit on le déteste.*

Remplacement de la voix passive avec la nominalisation du verbe

Exemple : *Before television was invented, people listened more to the radio.* = *Avant l'invention de la télévision, les gens écoutaient plus la radio.*
Exemple : *Just after he had been arrested, the criminal managed to escape.* = *Juste après son arrestation, le criminel a réussi à s'enfuir.*

Reformulation de texte

Les deux paragraphes suivants contiennent de nombreux passifs qui alourdissent le texte. Remplacez ces formes passives en utilisant les techniques vues dans les exercices précédents. Il vous est possible de changer l'ordre des mots et de combiner les phrases afin d'alléger le style. Dans l'intention d'améliorer le style, pensez aussi à utiliser ce que vous avez vu dans la Partie I (la précision du vocabulaire).

Texte 1

La vieille demeure
   Cette demeure <u>a été bâtie</u> en 1770, et elle <u>a été entièrement restaurée</u> il y a une dizaine d'années. Elle <u>est composée</u> de vingt-sept pièces <u>qui sont réparties</u> sur trois niveaux. La propriété <u>est entourée</u> d'un mur de pierre de deux mètres de haut. Il <u>a été rajouté</u> par les propriétaires du moment en 1822.
   Les jardins, qui <u>ont été dessinés</u> au début du 19ème siècle par un paysagiste italien, <u>avaient été abandonnés</u> pendant plus de cinquante ans. Ils <u>sont aujourd'hui entretenus</u> par une équipe de jardiniers professionnels. Les visiteurs <u>sont surtout impressionnés</u> par la grande salle de bal, qui <u>est toujours imprégnée</u>

de sa splendeur passée. Un énorme lustre en cristal taillé <u>est suspendu</u> au plafond de cinq mètres de haut. La lumière <u>est reflétée</u> par les cristaux, comme une cascade de diamants. Sur le mur extérieur, quatre portes-fenêtres <u>sont encadrées</u> de rideaux en velours pourpre. Les autres parties de la salle <u>sont décorées</u> par d'immenses miroirs sculptés et dorés à l'or fin. On imagine sans peine les somptueuses réceptions qui <u>étaient données</u> par les différents propriétaires!

Texte 2

Le vin

Septembre! Partout les vendanges <u>sont commencées</u>; l'heure de la cueillette des raisins a sonné. De nombreux travailleurs saisonniers sont arrivés. Ils sont venus de divers horizons pour effectuer ce travail qui est dur. Les vendangeurs vont cueillir les grappes de raisin qui <u>seront mises</u> dans des hottes. Le contenu de ces paniers <u>sera versé</u> dans des camions qui l'emporteront soit à la propriété soit à la coopérative.

Les raisins <u>seront alors écrasés</u> (ce qui est appelé le foulage) et le mout <u>sera mis</u> dans des cuves en métal, en bois ou en béton! C'est ce qui <u>est nommé</u> la cuvaison. Plus tard, des sulfites <u>seront ajoutés</u> au mout pour faciliter la vinification. Puis de la levure <u>sera rajoutée</u> pour accélérer la fermentation. Le processus est très long jusqu'à ce que le jus <u>soit récupéré</u> par le pressurage. Cela ne s'arrête pas ici, de nombreuses étapes <u>sont encore à accomplir</u> jusqu'à la mise en bouteille. Après, il faudra être patient!

PARTIE III

Les figures de style

Dans cette partie sont abordés les procédés stylistiques qui permettent de créer des effets de sens et d'enrichir les textes. Pour y présenter les figures de style, nous nous sommes inspirées du classement et des définitions proposés dans le livre suivant :

Klein-Lataud, Christine. 1991. *Précis des figures de style*. Toronto : Éditions du Gref.

Étant donné les recoupements des figures de style, il va sans dire que la classification est arbitraire. Toutefois, la taxonomie établie par C. Klein-Lataud permet de regrouper les procédés stylistiques en trois grandes catégories : les figures de style associées au sens, à la forme des mots et à la construction. Cette classification présente l'avantage de s'en tenir à l'essentiel pour les étudiants de français langue seconde.

Nous soulignons que les hyperliens cités pour indiquer les sources des exemples provenant de la Toile de l'information peuvent être modifiés et constituent une variable dont nous n'avons malheureusement pas le contrôle.

Sensibilisation

Le style est un concept difficile à définir, puisqu'il peut s'appliquer tant à divers domaines qu'à un ensemble d'auteurs ou à un individu. Selon l'acception, le style peut désigner les règles générales d'écriture propres à un domaine, par exemple celles du journalisme, ou les habitudes d'écriture qui distinguent un auteur d'un autre, une œuvre d'une précédente ou d'une suivante.

Les figures de style constituent notamment un des procédés pouvant caractériser le style d'un auteur.

Objectifs d'apprentissage

À la fin de cette section, vous pourrez :

* identifier les figures de style;
* analyser les figures de style;
* créer des figures de style.

Définition du style

Il s'agit de la manière dont on emploie les divers éléments de la langue et les combine pour présenter une idée, une information, un sentiment, un état d'âme, une histoire, une réaction, etc.

Qu'est-ce qui caractérise chaque style?

Chaque domaine possède ses règles d'écriture qui conditionnent le style de l'auteur, par exemple le journaliste rédige surtout des phrases simples. La tonalité que l'auteur adopte dans son texte (sarcastique, vindicative, informative, etc.) influe également sur le style qu'il adopte.

Exemples de style littéraire propre à chaque écrivain dans une œuvre :

* Marcel Proust, *À la recherche du temps perdu* : phrases extrêmement longues et complexes mais conformes aux règles de la syntaxe.
* Albert Camus, *L'Étranger* : phrases courtes et style très simple mais qui expriment des idées complexes.
* Italo Calvino, *Si par une nuit d'hiver un voyageur* : nombreuses figures de style et narration à la 2ᵉ personne (*tu*).
* Isaac Asimov, surnommé « l'empereur de la science-fiction », *Fondation* : style simple et direct (sujet – verbe – complément).

Parmi les éléments de la langue auxquels les auteurs recourent fréquemment pour créer divers effets de sens et d'expressivité se trouvent les figures de style.

Définition de la figure de style

Il s'agit d'un procédé d'expressivité destiné à créer des effets de sens, à imager des idées, à séduire, à émouvoir et à convaincre le lecteur.

À titre illustratif, dans le titre de Calvino *Si par une nuit d'hiver un voyageur*, le voyageur correspond au lecteur (métaphore). Le titre invite ce dernier à imaginer ce qu'il découvrira en lisant le roman.

La figure de style exige souvent du lecteur un certain effort de décodage et son utilisation suscite parfois chez le lecteur l'impression d'une connivence entre lui et l'auteur. Précisons qu'à l'intérieur d'une séquence de mots peuvent se combiner plusieurs figures de style.

Exemple : *Le Temps nous égare, le Temps nous étreint, le Temps nous est gare, le Temps nous est train.* (Jacques Prévert) Anaphore, parallélisme, métaphore, personnification

3.1

FIGURES DE STYLE RELEVANT DU SENS

Figures d'opposition

- Antithèse (f.) [anti : opposition; thèse : pensée] : mise en relief par la syntaxe de deux mots de sens opposés.

  Exemple : *À vaincre sans péril, on triomphe sans gloire.* (*Le Cid,* Pierre Corneille)

- Oxymore (m.) : rapprochement de deux mots de sens contradictoires (un nom et un adjectif le plus souvent, mais aussi un nom et un complément du nom ou un verbe et un adverbe) visant à créer un effet de surprise.

  Exemples : *Un illustre inconnu* (titre d'un film, Mathieu Delaporte)
  La science des rêves (titre d'un film, Michel Gondry)

- Paradoxe (m.) [para : contre; doxa : opinion] : énonciation d'une idée allant à l'encontre de l'opinion partagée par la majorité et, en apparence, dépourvue de sens logique ayant pour but d'amener le lecteur à réfléchir.

  Exemple : *Les riches sont les perdants de la société.*

Exercice 1

Identifiez la figure de style d'opposition employée : antithèse, oxymore ou paradoxe.

1. Beau Dommage (nom d'un groupe musical)
2. J'embrasse le plaisir, et n'éprouve qu'ennuis (*J'aime la liberté et languis en service,* Joachim Du Bellay)
3. Ah Dieu ! que la guerre est jolie Avec ses chants longs loisirs (Guillaume Apollinaire)

4. On veut vivre longtemps mais on ne veut pas vieillir (*Oxymore*, Dokou)
5. Maudit bonheur, t'as eu ma peau (*Maudit bonheur*, Michel Rivard)
6. La guerre, un massacre de gens qui ne se connaissent pas, au profit de gens qui se connaissent mais ne se massacrent pas. (Citation attribuée à Paul Valéry)
7. Mais quand j'arrive ils crient tous tout bas « Booba » (*On m'a dit*, Booba)
8. J'irai pt'être au paradis mais dans un train d'enfer (*Harley Davidson*, Serge Gainsbourg)

Figures d'intensité : exagération et atténuation

*   Antiphrase (f.) : recours à un mot ou à une phrase pour signifier le sens contraire de ce qui est exprimé.

    Exemple : *Comme d'habitude, le maire prendra certainement la bonne décision!* (La population n'est jamais satisfaite de ses décisions.)

    NOTEZ : Cette figure est utilisée le plus souvent pour faire de l'ironie ou dans le but de critiquer.

*   Euphémisme (m.) [eu : bien; phèmi : je dis] : atténuation d'une idée ou d'un fait dans le but de faire preuve de diplomatie et de politesse, d'éviter de blesser, de choquer ou de déplaire.

    Exemple : *Le président s'est éteint à l'âge de 81 ans.* (Le président est mort à 81 ans.)

    NOTEZ : Cette figure est souvent utilisée dans le cas de sujets tristes, inconvenants, subversifs ou tabous.

*   Gradation (f.) : énumération organisée selon un ordre d'intensité croissante ou décroissante.

    Exemples : *Va, vis et deviens* (Titre d'un film, Radu Mihaileanu)
    Mes jours, mes nuits, mes peines, mes deuils, mon mal, tout fut oublié (*Le p'tit bonheur*, Félix Leclerc)

*   Hyperbole (f.) [excès] : expression exagérée d'un fait, d'une idée, d'un sentiment, etc., visant à montrer ceux-ci sous un jour favorable ou défavorable.

    Exemple : *Les frites sont plus que délicieuses* (emploi de mots excessifs et de superlatifs).

    NOTEZ : L'hyperbole peut aussi se présenter sous forme de métaphore ou de comparaison.

    Exemples : *Verser une rivière* (pour « pleurer »).
    Il pleut à boire debout (« il pleut beaucoup »).

*   Litote (f.) : figure qui consiste à dire peu mais à sous-entendre beaucoup.

Exemple : [...] *le Québec est le pays de la litote – une figure de rhétorique qui consiste à toujours diminuer, atténuer ce qu'on veut dire, pour en suggérer plus. Ici quand on se les gèle, on dit qu'il fait pas chaud; d'un livre intéressant qu'il n'est pas vilain, d'un virtuose qu'il joue pas mal. Quand ça va bien, on dit ça va pas pire, quand elle est très belle on dit qu'elle est pas laide, d'un vieux, qu'il n'est pas jeune, d'un jeune qu'il n'est pas vieux* [...]

(Aubin, Benoît, Le Journal de Québec, « *Le blogue politique du Journal* », 17 août 2012 : *www.journaldequebec.com /2012/08/17/tout-le-contraire-quoi-1)*

NOTEZ : Le verbe de la litote est souvent à la forme négative.

Exercice 1

Comment diriez-vous...

1. À votre professeur que vous n'entendez pas du tout ce qu'il dit et qu'il faudrait qu'il parle plus fort en employant :
   - une litote?
   - une antiphrase?
3. À votre ami qu'il doit arrêter d'écrire des commentaires négatifs sur son compte Facebook en employant une antiphrase?
4. Que votre voisin est un chômeur depuis plusieurs années en employant un euphémisme?
5. À une dame que vous la reconnaissez au supermarché en employant une litote?
6. Que vous aimez beaucoup le dessert à l'hôtesse qui vous offre des profiteroles en employant une litote?

Exercice 2

Identifiez la figure de style employée : antiphrase, euphémisme, gradation, hyperbole ou litote.

1. Il suffirait de presque rien, peut-être dix années de moins (*Il suffirait de presque rien*, Gérard Bourgeois et Jean Max Rivière)
2. Je creuserai la terre jusqu'après ma mort (*Ne me quitte pas*, Jacques Brel)
3. Un professeur mentionne à son collègue : « Cet étudiant se débrouille pas si mal dans mon cours. » (L'étudiant en question a obtenu 95% à toutes les épreuves.)
4. Surtout ne vous gênez pas pour m'interrompre! (Arrêtez de m'interrompre!)
5. Le clown arbore un sourire, débite des plaisanteries et rit aux larmes.
6. Son voisin repose au jardin commémoratif de la ville (un cimetière).

Figures de modification de sens

- Antanaclase (f.) : figure qui consiste à répéter un mot ou une expression prenant deux sens différents, souvent dans un but humoristique.

    Exemple : *Maître Corbeau sur un arbre perché*
    __Tenait__ en son bec un fromage
    Maître Renard par l'odeur alléché
    Lui __tint__ à peu près ce langage
    (Le Corbeau et le Renard, Jean de La Fontaine) (Le bon fromage gardé dans le bec et les belles paroles prononcées.)

- Antonomase (f.) : figure qui consiste à employer un nom propre pour désigner un nom commun, ou vice versa (rapport de ressemblance).

    Exemples : *Ce n'est pas un Apollon* (dieu de la mythologie grecque reconnu pour sa beauté).

    C'est une Pavlova (danseuse russe de ballet classique renommée pour son très grand talent).

- Métaphore (f.) : figure qui établit un rapport de ressemblance entre deux éléments mais sans utiliser de mot de comparaison.

    Exemples : *Si tu étais comme une herbe* (comparaison)
    Je serais mauvaise herbe (métaphore) (*La métaphore*, Jacques Dutronc)
    Enfonce bien tes doigts dans la jungle de mes cheveux (métaphore) (*Elisa*, Serge Gainsbourg)

Exercice 1

Produisez une métaphore en indiquant un rapport avec vous.
    Exemple : *Si j'étais un astre, je serais le Soleil.* (Rapport : J'aime la chaleur et le soleil réchauffe.)

1. Si j'étais un arbre/une fleur, je serais _____ (rapport :   )

2. Si j'étais un festival, je serais _____ (rapport :   )

3. Si j'étais une ville/un pays, je serais _____ (rapport :   )

4. Si j'étais un animal/poisson, je serais _____ (rapport :   )

5. Si j'étais un film/une pièce de théâtre, je serais _____ (rapport :   )

6. Si j'étais un langage/une langue, je serais _____ (rapport :   )

- Métaphore filée (f.) ou allégorie (f.) : combinaison de plusieurs métaphores touchant un même thème.

    Exemple : *Branle-bas de combat à la Chambre des Communes. Les députés conservateurs armés d'une imposante pile de dossiers ont finalement gagné la bataille contre le projet de loi proposé par les Libéraux* (métaphore filée du domaine militaire).

- Métonymie (f.) : désignation d'une réalité au moyen d'un terme en désignant une autre selon un rapport logique de contiguïté : marque/objet, œuvre/auteur, contenant/contenu, effet/cause, matière/objet, etc.

  Exemples : *Une Mercedes-Benz* (désigne l'objet, une voiture, par sa marque, *Mercedes- Benz*)

  Lire un Tournier (désigne une œuvre littéraire par le nom de l'auteur).

  Écouter un Manu Chao (désigne un CD de Manu Chao).

  Il aime boire un verre le vendredi après le travail (désigne le contenu, une consommation d'alcool, par son contenant).

- Synecdoque (f.) : variation de la métonymie qui consiste à exprimer le tout par sa partie ou vice versa (rapport d'appartenance).

  Exemples : *Québec devra se prononcer sur le troisième lien entre la rive sud et la rive nord.* (Les citoyens de Québec devront se prononcer...)

  Les belles cravates machiavéliques (Les fonctionnaires machiavéliques, ceux qui portent de belles cravates.) (*Atrocetomique*, Les Colocs)

- Syllepse (f.) : évocation simultanée des sens propre et figuré d'un même mot.

  Exemple : *Un vin recommandé pour une bonne table au restaurant* (une bonne table peut exprimer une table bien située et aussi la nourriture servie).

  NOTEZ : Cette dernière figure de style est souvent employée en publicité.

- Périphrase (f.) : remplacement d'un mot par une locution descriptive désignant la même notion.

  Exemples : *Le passager de l'heure de pointe* (le travailleur) (Titre d'une chanson de Michel Rivard)

  La salle des pas perdus (une grande salle d'un endroit public où les gens attendent : gare, aéroport, palais de justice, etc.)

  La planète bleue (la Terre)

- Personnification (f.) : attribution de caractéristiques humaines à un objet, à une idée, à un concept ou à un animal.

  Exemple : *Son œil glissait, égaré, sur les mots couchés; il ne les réveillait pas, il les laissait dormir dans le troupeau du paragraphe.* (*La part de l'autre*, p. 96, Éric-Emmanuel Schmitt)

Exercice 2

À l'aide des informations entre parenthèses, identifiez les figures de style suivantes : antanaclase, antonomase, métaphore, métaphore filée, métonymie, synecdoque, syllepse, périphrase, personnification.

1. Le projet de prolonger la ligne de métro est remis sur les rails (sens propre et figuré, remettre sur les rails = reprendre un projet).
2. Il parle la langue de Molière (= il parle français).

3. C'est une Messaline (Messaline : femme de l'empereur Claude connue pour sa conduite scandaleuse).

4. Le bateau ne prend pas l'eau et nous pouvons prendre la mer (deux sens du verbe « prendre »).

5. Même le soleil doit se faire une raison (*Nouvelle saison*, Beau Dommage) (se faire une raison : activité associée à l'humain).

6. Les femmes militaires ont décidé de se battre contre l'ennemi interne et externe (le verbe « se battre » évoque le sens propre et le sens figuré : prendre des mesures contre le harcèlement dans l'armée et de participer aux interventions militaires à l'extérieur du pays).

7. Moi, mes souliers ont beaucoup voyagé (*Chanson Moi, mes souliers*, Félix Leclerc) (mes souliers = moi).

8. Préférez-vous les bains de mer aux bains de foule (deux sens du mot « bains »)?

9. Il fait très froid, on ne veut pas se mettre le nez dehors (le nez = on).

10. Et la lune s'est moquée de moi (*J'ai demandé à la lune*, Indochine) (se moquer : activité associée à l'humain).

11. Les soirées sont fraîches au mois de septembre, il faut porter une petite laine (une laine = une veste de laine).

12. Le don Juan de la soirée danse avec toutes les dames présentes (don Juan = séducteur).

13. Frôlant un précipice, il frôle de justesse la mort (deux sens du verbe « frôler »).

14. La province est au bord du précipice, Mesdames et Messieurs, et nous, du Crédit social (parti politique), allons lui faire faire un pas en avant (Les Cyniques) (plusieurs associations sur un même thème).

15. L'homme n'est que poussière, c'est dire l'importance du plumeau (titre d'un spectacle de Denis Wetterwald) (rapprochement entre l'homme et la poussière).

3.2

FIGURES DE STYLE ASSOCIÉES À LA FORME DES MOTS

Figures de suppression

L'abrégement des mots relève généralement du registre familier.

- Aphérèse (f.) : retrait d'une syllabe ou d'un son au début d'un mot.
  Exemple : *Il prend un bus* (autobus) *pour se rendre au travail.*

- Apocope (f.) : retrait d'une syllabe ou d'un son à la fin d'un mot.
  Exemple : *Il travaille à la fac* (faculté).

- Syncope (f.) : retrait d'une syllabe ou d'un son à l'intérieur d'un mot.
  Exemple : *Mame* (Madame), *vous avez quelques pièces de monnaie?*

Figures de répétition de sons

- Allitération (f.) : répétition des sons consonantiques, souvent de ceux en début de mots.

  Exemples : *Zazie*
  > *Sur les vents alizés*
  > *S'éclate dans l'azur*
  > *Aussi légère que bulle d'Alka Selzer*
  > *Elle visionne le zoo*
  > *Survolant chimpanzés*
  >> *Gazelles lézards zébus buses et grizzlis d'Asie* (Zig Zizi du Z, Serge Gainsbourg) (Répétition des sons « s » et « z »)

  > *Tic-tac tic-tac*
  > *Ta Katie t'a quitté*
  > *Tic-tac tic-tac*

> *Ta Katie t'a quitté*
> *Tic-tac tic-tac*
> *T'es cocu, qu'attends-tu?*

> (*Ta Katie t'a quitté*, Bobby Lapointe)
> (Répétition des sons t et k)

- Assonance (f.) : répétition de voyelles

  Exemples : *Les sanglots longs*
  des violons
  de l'automne
  blessent mon cœur
  d'une langueur
  monotone
  (*Chanson d'automne*, Paul Verlaine) (Répétition des voyelles nasales)

  > *Y a aussi Jean-Marie*
  > *Mon cousin puis mon ami*
  > *Qu'a mis sa belle★ habit*
  > *Avec ses p'tits souliers vernis*
  > *Le v'là mis, comme on dit*
  > *Comme un commis voyageur*
  > (*La danse à Saint-Dilon*, Gilles Vigneault) (Répétition du son « i »)

  NOTEZ : Sa belle habit : la forme féminine constitue un québécisme.

- Rime (f.) : homophonie, c'est-à-dire répétition d'un son à la fin des vers en poésie et en prose.

  Exemple : *Je ne T'aime plus*
  *Mon am**our***
  Je ne T'aime plus
  *Tous les **jours***
  Parfois J'aimerais mourir
  *Tellement J'ai voulu c**roire***
  Parfois J'aimerais mourir
  *Pour ne plus rien a**voir***
  Parfois J'aimerais mourir
  *Pour plus jamais te **voir***

  > (*Je ne t'aime plus*, Manu Chao)

- Paronomase (f.) : recours à des paronymes dans un énoncé (mots apparentés phonétiquement mais de sens différent).

  Exemples : *S'il fallait qu'un **jour***
  *Ce **jour** se **jure** de ma folie (La folie en quatre, Daniel Bélanger)*
  Amère America *(Titre d'une chanson de Luc de la Rochellière)*
  *Donc vas-y follow **ma folie**, **m'a follow**, **follow me** now! (Allez-vous*
  faire, Stromae)

Ils n'auraient que la route
*Leurs **cheveux** de bataille*
*Leurs **chevaux** de déroute*

(*En cavale*, Pierre Flynn)

*Cancer, **cancer,***
*Mais dis-moi **quand c'est?***
Cancer, cancer,
Qui est le prochain?

(*Quand c'est?* de Stromae)

Exercice de rédaction de phrases

Composez cinq phrases contenant une paronomase en utilisant votre imagination ou en choisissant parmi les combinaisons suivantes : coutume/costume, justice/j'insiste, pendre/prendre, fleurs/pleurs, quoi faire/coiffeur, d'heures/dort, ténu/tes nus, les sœurs/les sueurs, poisse/angoisse, malaises/mal à l'aise, interdite/inédite, caresse/déesse, venimeux/vénéneux, chimères/six mères, passé simple/pas assez simple.

Exemple : *Le jeune homme a adressé d'exquises excuses à la dame qui s'est fait damer le pion.*

_____

_____

_____

_____

_____

Figures de création

• Mot-valise (m.) : amalgame de deux mots visant à créer un effet de style et faisant appel à un effort du lecteur pour en décoder les multiples sens.

Exemples :

• *Prendras-tu un apéritif? demanda Colin. Mon **pianocktail** est achevé, tu pourrais l'essayer.*

Il marche? demanda Chick.

Parfaitement. J'ai eu du mal à le mettre au point, mais le résultat dépasse mes espérances. J'ai obtenu, à partir, de la Black and Tan Fantasy, un mélange vraiment ahurissant.

Quel est ton principe? demanda Chick.

À chaque note, dit Colin, je fais correspondre un alcool, une liqueur ou un aromate. (*L'écume des jours*, p. 32, Boris Vian, www.ebooksgratuits.com/html/vian_ecume_des_jours.html#_Toc262911401)

- *Un garnivore : « un animal qui se nourrit de viande accompagnée de légumes ».* (Créhange, Alain. 2004. *Le pornithorynque est un salopare : dictionnaire de mots-valises.* France : Éditions Mille et une nuits, p. 54.)

NOTEZ : Il peut s'agir d'une fusion de deux noms, d'un nom et d'un adjectif, d'un nom et d'un verbe, de deux adjectifs, d'un adjectif et d'un adverbe, etc.

Exercice 1

Essayez de deviner le sens des mots-valises suivants tirés du dictionnaire d'Alain Créhange.

1. Un agrestivant : une personne qui…
2. Un hémotif : une personne…
3. Un mets spectaculinaire : un mets…

NOTEZ : Vous pouvez consulter le site Internet personnel d'André Créhange sur les mots-valises (http://alain.crehange.pagesperso-orange.fr/index.html).

Exercice 2

Imaginez un mot-valise correspondant à chaque définition.

1. Des actes qui contribuent à protéger l'environnement : …
2. Un étudiant qui est toujours absent au cours le vendredi matin : …
3. Des cyclistes qui ne roulent que sur les pistes cyclables : …
4. Quelqu'un qui ne mange pas du tout de légumes : …
5. Une amitié indestructible/solide : …
6. Lent et élégant : …
7. Portez-vous bien en faisant du sport : …

- Néologisme (m.) : création d'un mot dans le but de produire un effet de style.
   Exemple : *J'ai le doux gentil*
   Mais jamais je ne te mononclerai [...]
   Je me sens le vent
   Qui vilebrequinne toute la semaine (*Sans ma mie*, Daniel Boucher)
   (nominalisation de *doux*; dérivation en formes verbales de *mon oncle* et de *vilebrequin*).

Exercice 3

Dans les énoncés, identifiez les figures de style suivantes : allitération = répétition de consonnes; assonance = répétition de voyelles; paronomase = mots semblables phonétiquement; mot-valise = amalgame de deux mots; néologisme = création d'un mot).

1. À la lueur du crépuscule se tut le buveur ahuri par le hurlement du huguenot.
2. Certains dirigeants politiques exercent une démocrature.
3. Même mort, il trololo encore (titre d'un article, *Libération*, 4 juin 2012 : www. liberation.fr/ecrans/2012/06/04/meme–mort–il–trololo–encore_949493).
4. Le papier purpurin, peint au petit pinceau trempé dans le pot de peinture de Pierre, est placé sur le pupitre de Paul.
5. Les écomatériaux respectent l'environnement.

6. Tu te sens d'aucun des clans
    Des sourires en coin, des clins d'oeils
    Avant le deuil d'un amour en déclin

                                                    (*Avant tu riais*, Nekfeu).

3.3

FIGURES DE CONSTRUCTION

Figures de répétition et de mise en relief

- Anaphore (f.) : procédé consistant à mettre en relief des phrases ou des groupes de phrases en les introduisant de façon répétée par les mêmes mots ou syntagmes.

  Exemple : *Je comprends l'insécurité vécue par nos travailleurs forestiers et manufacturiers.*
  Je comprends l'angoisse de nos agriculteurs, qui veulent vivre dignement de la terre.
  Je comprends la difficulté vécue par les entrepreneurs qui cherchent des travailleurs qualifiés
  (Discours politique de Jean Charest, Québec, 9 mai 2007, www. archivespolitiquesduquebec.com/discours/p-m-du-quebec/jean-charest/discours-douverture-de-jean-charest-quebec-9-mai-2007/)

- Anadiplose (f.) ou redoublement (m.) : répétition du dernier mot de la proposition ou phrase au début de la proposition ou phrase qui suit.

  Exemple : *Je me moque de ton paradis. Ton paradis, il est perdu.*

- Chiasme (m.) [prononcé kiasm] : ordre renversé du segment syntaxique précédent pour créer un effet rythmique.

  Exemple : *Beau paysage, vue imprenable* (adjectif + nom, nom + adjectif).

- Parallélisme (m.) : énoncé dont les deux parties présentent une structure syntaxique symétrique.

  Exemple : *Vue plongeante, paysage magnifique* (nom + adjectif, nom + adjectif).

  NOTEZ : Le parallélisme est le procédé inverse du chiasme.

Actes de langage et de mise en évidence

• Prétérition (f.) : procédé consistant à attirer l'attention sur le sujet dont on veut traiter en prétendant vouloir le passer sous silence.

Exemple : *Ce n'est pas pour critiquer, mais…. [il le fait].*

L'art et le Chat, Philippe Geluck, p. 9, Casterman, **©GELUCK**

• Interrogation oratoire, rhétorique ou stylistique : procédé qui consiste à poser une question dont la réponse va de soi.

Exemples : *Ne croyez-vous pas que c'est un des rôles du Premier ministre d'assurer la sécurité du pays?*
N'est-il pas important que les gens se soucient du changement climatique?

NOTEZ : Cette figure de style, fréquemment employée dans les chroniques journalistiques, attire l'attention du lecteur, rend le texte plus vivant et sert à souligner un fait incontestable ou un doute, etc. Elle est employée le plus souvent à la forme négative.

Exercice 1

Identifiez les figures de style jouant sur les répétitions : anaphore, anadiplose, chiasme, parallélisme.

1. L'amiral Larima
   Larima quoi
   La rime à rien
   L'amiral Larima
   L'amiral rien. (*L'Arimal*, Prévert)

2. Un amour dans un orage réactionnaire et insultant
   Un amour et deux enfants en avance sur leur temps. (*Roméo kiffe Juliette*, Grand Corps Malade)

3. Le bateau tangue, la voile se déchire. (*Femmes et hommes de la texture du vent*, Julos Beaucarne)

4. En haut priait le malade, sa mère pleurait en bas.

Exercice 2

Identifiez la prétérition et l'interrogation oratoire.

1. Comme les routes sont très glissantes à cause de la tempête, ne serait-il pas préférable que vous restiez à la maison?

2. Je n'oserais dire que je ne suis pas d'accord, mais ce projet de loi présente des failles.

3.4
RÉVISION

Révision de toutes les figures de style

Exercice 1

Dans cet exercice, les figures de style utilisées dans les titres de film sont identifiées. Vous devez expliquer la raison qui permet d'identifier la ou les figures de style des titres.

1. *Planète hurlante* (Christian Duguay)
2. *La colline a des yeux* (Alexandre Aja)
   La personnification : _____

3. *Un éléphant, ça trompe énormément* (Yves Robert)
4. *La baigneuse fait des vagues* (Michele Massimo Taratini)
   La syllepse : _____

5. *Le salaire de la peur* (Henri Georges Clouzot)
6. *Le voile des illusions* (John Curran)
   La métaphore : _____

7. *Je sais rien, mais je dirai tout.* (Pierre Richard)
   L'antithèse : _____

8. *On ne meurt que deux fois* (Jacques Deray)
   Le paradoxe : _____

9. *Que les gros salaires lèvent le doigt* (Denys Granier-Deferre)
   La métonymie : _____

10. *Le premier jour du reste de ta vie.* (Rémi Bezançon)

Le jardin du diable (Henry Hathaway)
L'oxymore : _____

11. *La dame du lac* (Robert Montgomery)
La périphrase : _____

12. *Le monde ne suffit pas* (Michael Apted)
L'hyperbole : _____

13. *Chacun cherche son chat* (Cédric Klapish)
L'allitération : _____

14. *Les dents de la mer* (Wes Craven)
La synecdoque : _____

Exercice 2

Identifiez les belles figures de style de la poésie de Jacques Prévert. Certains énoncés peuvent contenir plus d'une figure de style. Vous devez identifier les figures suivantes jouant sur :

- les sons (allitération, paronomase);
- la répétition de mots ou de constructions (anadiplose, anaphore, parallélisme);
- le sens qui indique une opposition (antithèse, oxymore);
- le sens qui fait un rapprochement (métaphore, personnification);
- le glissement entre le sens figuré et le sens propre (syllepse).

1. Mourra bien qui rira le dernier.
2. Le Temps nous égare, le Temps nous étreint, le Temps nous est gare, le Temps nous est train.
3. La vie est une cerise, la mort est un noyau.
4. Des draps blancs dans une armoire
   Des draps rouges dans un lit
   Un enfant dans sa mère
   Sa mère dans les douleurs
5. Fort heureusement, chaque réussite est l'échec d'autre chose.
6. Paris est tout petit, c'est là sa vraie grandeur.
7. Dans chaque église, il y a toujours quelque chose qui cloche.
8. De deux choses lune, l'autre, c'est le soleil.
9. Le monde mental ment monumentalement.
10. On a beau avoir une santé de fer, on finit toujours par rouiller.

Exercice 3

Reformulez chacun des énoncés en créant les figures de style indiquées à l'aide des mots suggérés entre parenthèses ou de votre propre cru.

Exemple : *L'acteur commence à vieillir.*

Une métaphore et un oxymore – un rapprochement et une opposition (aube de sa vieillesse) :
Reformulation : L'acteur arrive à l'aube de sa vieillesse.

1. Je n'arrive pas à dormir.
   Une métaphore – un rapprochement (course d'idées) :

   _____

2. Des gens, peu soucieux de leur environnement, jettent leur déchet partout.
   Une métaphore – un rapprochement (corbeille de déchets) :

   _____

3. L'étudiant a beaucoup de travaux à faire pour la semaine prochaine.
   Une métaphore et une hyperbole – un rapprochement et une exagération (une montagne) :

   _____

4. Le voisin est mort.
   Un euphémisme – une atténuation (sommeil éternel) :

   _____

5. Le maître a éprouvé beaucoup de bonheur.
   Une personnification (saluer) :

   _____

6. Avec l'hiver viennent les problèmes.
   Un parallélisme (apparaître) :

   _____

7. Elle pleure sans pouvoir s'arrêter.
   Une hyperbole – une exagération (abreuver) :

   _____

8. La nourriture est-elle une nécessité ou un plaisir dans la vie?
   Un chiasme (manger ou vivre) :

   _____

Exercice 4

Analysez les extraits de chanson en identifiant les figures de style suivantes : allitération, anaphore, antithèse hyperbole, métonymie, parallélisme, personnification, synecdoque.

1. Qu'avec toutes les larmes qui tombent
   J'ai pensé calmer mes remords
   Et fournir en eau le tiers monde

   (*Sèche tes pleurs*, Daniel Bélanger)

   Figure de style : _____

2. Le vent soufflait mes pellicules
   tout partout dans l'air

   (Le vent soufflait mes pellicules, Daniel Boucher)

   Figure de style : _____

3. Je reviendrai à Montréal
   Dans un grand Bœing bleu de mer
   J'ai besoin de revoir l'hiver
   Et ses aurores boréales

   (Je reviendrai à Montréal, Robert Charlebois)

   Figure de style : _____

4. Je suis jaloux des trottoirs qui l'emportent
   Vers les vilaines portes qu'elle franchit sans moi
   Je suis jaloux des regards qui la touchent
   De toutes ces mains qui louchent en la suivant des doigts
   Je suis jaloux des paroles qui la frôlent
   Des histoires pas si drôles dont elle rit parfois

   (Tout simplement jaloux, Michel Rivard)

   Figures de style (six) : _____

   _____

   _____

Exercice 5

Identifiez les figures de style.

1. La jungle urbaine apeure les nouveaux arrivants.
   Figure de style : _____
2. Je t'offrirai des perles de pluie (*Ne me quitte pas*, Jacques Brel)
   Figure de style : _____
3. Mon pays c'est l'hiver chanté par les charrues (*Demain l'hiver*, Charlebois)
   Figures de style (deux) : _____
4. *La Tristitude* (Oldelaf, www.youtube.com/watch?v=UQObMEXyhrU)
   Figure de style : _____
5. Itsi bitsi petit bikini (Dalida)
   Figures de style (trois) : _____

Écriture créative

Exercice 1

Composez un petit poème ou texte dans lequel vous emploierez au moins deux figures de style. Lorsque vous aurez terminé de le rédiger, faites-le lire à votre voisin qui devra y trouver les figures de style et les identifier. Choisissez l'un des trois thèmes : un rêve récurrent, une inspiration, mon ennemi.

À titre d'exemple, lisez ce court poème de Victor Hugo :

La bise
La bise fait le bruit d'un géant qui soupire;
La fenêtre palpite et la porte respire;
Le vent d'hiver glapit sous les tuiles des toits;
Le feu fait à mon âtre une pâle dorure;
Le trou de ma serrure
Me souffle sur les doigts.

Notez les figures de style employées par l'auteur.

La bise fait le bruit d'un géant qui soupire;
assonance (son « i »)
La fenêtre palpite et la porte respire;
personnification de la fenêtre :
une personne respire et son cœur palpite
parallélisme et allitération (son « p ») :
Le vent d'hiver glapit sous les tuiles des toits;
au sens propre un animal glapit; par analogie une personne
-personnification
Le feu fait à mon âtre une pâle dorure;
Le trou de ma serrure
Me souffle sur les doigts.
métonymie : le trou de ma serrure = le vent qui passe par le trou de ma serrure

Exercice 2

Pastiche – Vous devez composer un pastiche (imitation du style) du poème ci-dessous en employant des figures de style. Le titre de votre poème est *L'Examen du lendemain*.

La Page blanche	L'Examen du lendemain

La page blanche c'est le néant
C'est le vide qu'il faut remplir
Avec des mots, écrire,
Raconter ce qu'on ressent.

Penché sur son papier blanc
Le regard perdu dans des pensées lointaines
L'écrivain se morfond en attendant que viennent
L'inspiration, le déclic, mais pour le moment,

Rien ne vient titiller son esprit aujourd'hui.
C'est à désespérer, alors que d'habitude
La machine se met en route avec certitude.
Les mots fusent, jaillissent, précis.

Ah! le bonheur de voir petit à petit
Se remplir la page blanche.
Alors qu'il s'épanche,
Se livre et se décrit.

Son esprit vagabonde, cherche une idée,
Quelque chose de nouveau, un thème d'actualité
Ou bien un fait historique,
Qui a marqué les esprits
C'est ça il a trouvé ce sera celui-ci!

Il réfléchit encore avant de se lancer
Dans une farandole de mots à un rythme cadencé
Puis comme un automate bien réglé
Il s'élance sur sa page l'esprit soudain réveillé.

Auteure, Brigitte Koelsch

PARTIE IV

Dénotation, connotation et cooccurrence

Pour améliorer son style à l'écrit, il faut savoir combiner les mots (noms, adjectifs, adverbes, verbes) en fonction du sens qu'ils revêtent dans la phrase. Il faut donc prendre en compte que la plupart des mots, particulièrement les noms, possèdent plusieurs sens (polysémiques). Cette quatrième partie traite du sens des mots, dénotation et connotation, de leurs nuances, du recours aux synonymes et aux cooccurrences pour rédiger un texte intelligible et « élégant » qui se comprend et se lit bien.

Sensibilisation

Comme le lexique est un ensemble ouvert et complexe, personne ne connaît les sens de tous les mots et, pour cette raison, il est important de savoir consulter les dictionnaires. Nous proposons des outils en ligne, faciles d'accès en tout lieu, car les étudiants préfèrent employer leur téléphone cellulaire ou ordinateur que de consulter les dictionnaires traditionnels sous format papier. Dans chacune des sections, un ouvrage de consultation en ligne, outil indispensable à la rédaction, est suggéré pour découvrir les sens et nuances des mots du lexique et par la suite faire les exercices proposés.

Objectifs d'apprentissage

À la fin de cette section, vous pourrez :

*   distinguer entre les dénotations et les connotations;
*   tenir compte des divers sens des mots avant de les combiner;
*   éviter les répétitions en ayant recours aux synonymes;
*   savoir consulter les outils en ligne.

4.1

DÉNOTATION

La dénotation désigne le ou les premiers sens du mot qui remplissent une fonction référentielle, c'est-à-dire les sens désignés par un mot dans le dictionnaire.

Sens propre

Le sens propre d'un mot correspond au sens le plus courant et généralement concret qui se rapproche le plus de ses racines étymologiques.

Exemple : *Rivière* « cours d'eau moyennement abondant qui se jette dans un fleuve, dans la mer ou parfois dans un lac ».

Sens figuré

Le sens figuré, imagé et souvent abstrait, doit aussi être interprété à partir du contexte.

Exemple : *Le patron a sonné les cloches à l'employé qui a remis son rapport en retard* (il l'a réprimandé sévèrement).

NOTEZ : Pour connaître les divers sens d'un mot, il faut savoir consulter les dictionnaires[1]. Le sens propre est la première définition donnée sous l'entrée d'un mot. S'il y a lieu, on indique généralement l'extension de sens par la mention *P. ext.* et le sens figuré par l'abréviation *fig.*

---

1 Le site *Lexilogos – mots et merveilles d'ici et d'ailleurs* fournit une liste de ressources linguistiques à consulter (www.lexilogos.com/francais_dictionnaire.htm).

Extension de sens

L'extension de sens est une modification de sens qui permet de l'appliquer à plus d'objets.

Exemple : *geler*

Sens propre de geler : « Solidifier un liquide; le transformer en glace ».

Par extension : « Durcir une matière, une substance solide. Geler le sol, la terre, les pierres ».

Polysémie

La polysémie désigne la propriété de la majorité des mots de renvoyer à plusieurs sens que l'on peut déterminer par le contexte.

Exemples : *Le voyageur **passe** par Toronto pour aller à Montréal* (= traverse Toronto).

*L'invitée **passe** le pichet d'eau à son voisin de table* (= donne le pichet).

*Les pays de l'Europe de Est **passent** un accord de libre-échange entre eux* (= signent).

*Ce ministre **a passé pour** un stratège aux yeux de plusieurs citoyens* (= a été perçu comme un stratège).

*Le chanteur du groupe aime être le **centre d'attention*** (= aime attirer l'attention).

*Les consommateurs se rendent souvent au **centre commercial** avant Noël* (= galerie marchande).

*Le **centre** de la terre* (= le milieu).

*Son collage comprenait des **images** de magazines* (= des gravures).

*Cette enfant est l'**image** de sa mère* (= le portrait; elle ressemble beaucoup à sa mère).

*L'eau reflétait l'**image** de son visage* (= le reflet du visage dans l'eau).

*Ce soldat **incarnait l'image du désespoir*** (= représentait le désespoir).

Exemple : Le nom (ou substantif) féminin *démarche* constitue un exemple intéressant car il renvoie à trois sens :

- *une manière de marcher* (= une allure, un maintien) [sens propre];
- *une manière d'agir, de penser* (= une méthode, une approche);
- *le fait de s'adresser à quelqu'un, par écrit ou oralement, pour solliciter quelque chose* (employé le plus souvent au pluriel) (= une requête, une demande).

Le nom *démarche* étant polysémique, il faut examiner le contexte pour lui apposer des adjectifs, comme l'illustrent les exemples ci-dessous :

- *Chaussée de hauts talons, la jeune dame se déplaçait d'une démarche **élégante et fière**.*
- *Les étudiants universitaires doivent faire preuve d'une **démarche intellectuelle** dans la rédaction de leurs travaux de recherche.*
- *Depuis un an, le voyageur fait des **démarches incessantes** auprès de la compagnie aérienne pour que son billet d'avion lui soit remboursé.*

Les verbes qui peuvent accompagner le nom *démarche* sont aussi déterminés par le sens que revêt celui-ci dans la phrase :

- *Le mannequin **se distingue** de tous les autres par sa démarche fière et élégante.*
- *La démarche de l'écrivaine, plus intellectuelle que stylistique, **cherche** à rationaliser le rêve.*
- *L'employé/employée **poursuit** ses démarches incessantes d'augmentation salariale auprès de son employeur/employeuse.*

Les mots qui n'affichent qu'un seul sens sont monosémiques. Ils désignent des entités concrètes ou des actions (exemple : « vouvoyer » qui signifie « s'adresser à quelqu'un en employant la forme de politesse vous »).

Consultation des outils linguistiques en ligne

Plusieurs dictionnaires et ressources en ligne, facilement consultables, regroupent des outils essentiels à la rédaction. Le site *Centre National de Ressources Textuelles et Lexicales* en constitue un très fiable. « Son objectif est de réunir au sein d'un portail unique, le maximum de ressources, qu'il s'agisse de données textuelles et lexicales informatisées ou d'outils permettant un accès intelligent à leur contenu. » En cliquant sur l'hyperlien (www.cnrtl.fr), vous obtenez l'interface suivante :

À partir de cette page, il faut cliquer sur l'onglet ■ **Portail lexical**.

Dans le portail lexical :

I. Vous avez accès au *Trésor de la Langue Française informatisé* (TLFi) dans la section suivante :

■ Description

Lexicographie   Le Trésor de la Langue Française informatisé (TLFi)

- D'abord, il vous suffit de cliquer sur TLFi.
- Ensuite, sur la page d'accueil du TLFi, vous cliquez sur l'onglet *Entrer dans le TLFi*, puis vous pouvez choisir l'une des 3 possibilités suivantes pour trouver le mot :
  - taper le mot et le valider;
  - utiliser les listes défilantes;
  - faire une saisie phonétique.

Exercice 1

Accédez au TLFi pour trouver la définition du mot « geôle ».

Quelles sont les définitions du mot « geôle » dans le TLFi?

II. Dans le portail lexical, vous pouvez aussi accéder au *Trésor de la Langue Française informatisé* de la façon suivante :

- Dans la section ■ **Utilisation,** cliquez sur l'hyperlien (www.cnrtl.fr/ definition/portail) au bas de la page.
- Entrez la forme « geôle » à la place du mot « portail » et cliquez sur « chercher ».

Vous obtenez les mêmes définitions, mais celles-ci sont surlignées en jaune, et les locutions, groupes de mots et combinaisons possibles, sont en vert. Il est donc plus facile d'y repérer toutes les définitions.

Exercice 2

Dans le portail lexical du *Centre national de ressources textuelles et lexicales* (CN-RTL), consultez le *Trésor de la langue française informatisé* (www.cnrtl.fr/definition/ portail) pour trouver les sens propre (premier sens sous l'entrée) et figuré (*fig.*) des mots du tableau ci-dessous.

Exemple : Entrée « ombre »

Sens propre : « Diminution plus ou moins importante de l'intensité lumineuse dans une zone soustraite au rayonnement direct par l'interposition d'une masse opaque ».

Sens figuré : « Ce qui abrite, protège, exerce une influence bienfaisante. »

	Sens propre	Sens figuré
Nom : *un parapluie*		
Adverbe : *carrément*		
Verbe : *briser*		
Nom : *une école*		
Adjectif : *agile*		
Adverbe : *hermétiquement*		
Nom : *un scénario*		
Adjectif : *musclé*		
Verbe : *polariser*		

NOTEZ : Dans les textes littéraires, les auteurs ont recours au sens figuré des mots pour créer des figures de style (Partie III).

Exercice 3

Essayez de déterminer le sens des citations de Boris Vian en employant le portail lexical du CNRTL (www.cnrtl.fr/definition/portail). Suivez les directives indiquées.

Exemple : *Il était tard, il ne restait plus qu'un réverbère allumé sur deux, les autres dormaient debout.*

Entrée : « dormir »
Avec la fonction recherche (CTRL + f), tapez *fig.*

Sens figuré : « [Le sujet désigne un sujet inanimé concret] Être plongé dans le silence et l'immobilité, au moment où les hommes sont dans le sommeil ».
Sens de la phrase : *Les autres réverbères, qui ont forcément une position verticale, n'étaient pas allumés.*

1. Si le travail est l'opium du peuple, alors je ne veux pas finir drogué …
   Entrée : « opium »
   Avec la fonction recherche (CTRL + f), tapez *fig.*
   Sens figuré : …
   Sens de la phrase : …

2. La police est sur les dents, celles des autres, évidemment.
   Entrée : « dent »
   Avec la fonction recherche (CTRL + f), tapez *être sur les dents*
   Sens de l'expression : …
   Sens de la phrase : …

3. L'attente est un prélude sur le mode mineur.
   Entrée : « prélude »
   Avec la fonction recherche (CTRL + f), tapez *fig.*
   Sens figuré : …
   Entrée : « mineur »
   Avec la fonction recherche (CTRL + f), tapez *fig.*
   Sens figuré : …
   Sens de la phrase : …

4. Je tue le temps à grands coups de whisky au citron, ça le tue bien.
   Entrée : « tuer »
   Sens propre : …
   Avec la fonction recherche (CTRL + f), tapez « tuer (le temps) »
   Sens : …
   Sens de la phrase : …

5. À quoi bon soulever des montagnes quand il est si simple de passer par-dessus?
   Entrée : « montagne »
   Sens propre : …
   Avec la fonction recherche (CTRL + f), tapez « soulever »
   Sens : …
   Sens de la phrase : …

Exercice 4

Déterminez le sens figuré des mots soulignés et des phrases à l'aide du portail lexical du CNRTL :

- Cliquez sur : www.cnrtl.fr/definition/portail.
- Tapez le mot souligné à la place du mot portail.
- Employez la fonction recherche (CTRL + f) et ensuite tapez *fig*.
- Indiquez le sens figuré du mot.
- Essayez de déterminer le sens de la phrase.

Exemple : *La compagnie brésilienne MP* talonne *la compagnie américaine XY dans le classement des multinationales.*

Entrée : « talonner »

Sens figuré : « Au fig. [Dans une situation de concurrence] Suivre de très près ».

Sens de la phrase : La compagnie brésilienne suit de très près la compagnie américaine.

1. Après sa faillite, l'homme d'affaires a réussi à rebâtir sa fortune.
    Entrée : « rebâtir »
    Sens figuré : …
    Sens de la phrase : …

2. De vilains souvenirs martelaient son cerveau.
    Entrée : « marteler »
    Sens figuré : …
    Sens de la phrase : …

3. Au Québec, le cégep est une institution qui sert de pont entre l'école secondaire et l'université
    Entrée : « pont »
    Sens figuré : …
    Sens de la phrase : …

4. Le député a lancé des flèches à son adversaire qui ne partageait pas son opinion.
    Entrée : « flèche »
    Sens figuré : …
    Sens de la phrase : …

5. Le candidat abdique sa fierté et avoue son incompétence à traiter un dossier.
    Entrée : « abdiquer »
    Sens figuré : …
    Sens de la phrase : …

NOTEZ : Les mots peuvent paraître sous diverses formes et entrées dans un dictionnaire, particulièrement ceux qui font partie de la classe des noms. Pour connaître toutes les entrées et formes composées d'un mot dans le dictionnaire, vous devez :

- entrer directement dans le *Trésor de la langue française informatisé* à partir de l'hyperlien suivant : http://atilf.atilf.fr/;
- taper le mot et le valider.

Exemple : « amour »

Formes simples et composées : *amour, amour-propre, couvre-amour, lèse-amour, non-amour*

Exercice 5

Entrez directement dans le TLFI en cliquant sur l'hyperlien suivant (http://atilf. atilf.fr/), tapez le mot, validez-le et indiquez toutes ses formes.

Exemple : « livre »

Formes simples et composées : *grand(-)livre, livre (fém.), livre (masc.), couvre-livre, livre-poème, livre-programme, livre-réquisitoire, livre-témoignage, livre-testament, vidéo-livre*

1. Laisser
   Formes simples et composées : _____
2. Bouche
   Formes simples et composées : _____
3. Beau
   Formes simples et composées : _____
4. Fort
   Formes simples et composées : _____
5. Vert
   Formes simples et composées : _____

Champ lexical et nuances de sens

Un champ lexical désigne un ensemble de mots associés à un thème en particulier. Ces mots sont des synonymes ou appartiennent à la même famille, mais ne proviennent pas nécessairement de la même classe de mots (noms, verbes, adjectifs, etc.).

Exemple : Le champ lexical de naissance regroupe les mots *anniversaire, ascendance, aurore, avènement, bébé, émergence, grossesse, début, génération, maternité, natal, natalité, etc.*

Exercice 1

Le champ lexical des verbes de parole : associez le verbe qui correspond le mieux à la définition. Employez le TLFI (www.cnrtl.fr/definition/portail) pour vérifier les nuances de sens des verbes.

Verbes de prise de parole : annoncer, déclarer, exposer, jurer, promettre

1. Faire connaître en insistant sur l'idée d'explication : *exposer*
2. Communiquer une nouvelle information : ...
3. Dire d'une manière officielle : ...
4. S'engager pour l'avenir à faire quelque chose : ...
5. Dire sous serment : ...

Verbes d'une reprise de parole : conclure, insister, justifier, hâbler, préciser

1. Terminer un raisonnement : ...
2. Donner des détails : ...
3. Prouver la vérité de son affirmation : ...
4. Parler avec exagération et se vanter : ...
5. Dire avec force, donner de l'importance à un argument : ...

Verbes exprimant une demande : héler, implorer, interpeller, interroger, prier

1. Demander avec respect une faveur de quelqu'un : ...
2. Supplier avec empressement et chercher à émouvoir : ...
3. Adresser la parole à quelqu'un, plus ou moins brusquement, pour lui demander quelque chose : ...
4. Appeler de loin : ...
5. Poser des questions (implique une position d'autorité) : ...

Verbes exprimant une approbation : acquiescer, capituler, céder, confesser, obtempérer

1. Ne plus s'opposer : ...
2. Se rendre selon les conditions de l'ennemi : ...
3. Dire qu'on a eu tort et s'en repentir : ...
4. Accepter en se pliant volontairement à ce que les personnes veulent : ...
5. Terme de droit et de justice : ...

Verbes exprimant un désaccord : dénigrer, discréditer, morigéner, sermonner, stigmatiser

1. Adresser un blâme à quelqu'un avec insistance : ...
2. Critiquer publiquement et durement : ...
3. Faire des attaques injustes contre le mérite de quelqu'un : ...
4. Faire des remontrances ennuyeuses : ...
5. Dire pour entraîner une perte de confiance : ...

Verbes exprimant des sentiments : chuchoter, clamer, invectiver, maugréer, rugir

1. Parler en poussant des cris de fureur : ...
2. Dire avec violence : ...
3. Dire des injures : ...
4. Manifester sa mauvaise humeur : ...
5. Parler bas et mystérieusement (peur) : ...

Exercice 2

Choisissez six verbes de parole de l'exercice précédent, un de chacune des sections, et composez six phrases complexes.

Exemple : *Les résidents de la capitale **stigmatisaient** les parlers régionaux parce qu'ils croyaient ne pas posséder d'accent.*

_____

_____

_____

_____

_____

_____

_____

Exercice 3

Remplacez les verbes soulignés par un autre verbe dans l'extrait de la chanson suivante. Il est permis de faire d'autres modifications si vous le désirez. Dans la mesure du possible, essayez de ne pas répéter les verbes.

Exemple : *Sans le dire* : *Sans le mentionner*

Titre : *Sans le dire/Sans le …*

Tu dis que tu t'en vas
Mais je voudrais rester
Dans l'angle de tes bras
Et quand tu reviendras
Est-ce que j'y reviendrai
Est-ce qu'on se reverra?

Sans le dire
J'emmène tout ce que je peux de bons souvenirs
Sans le dire
Je saigne
Et te le dire
Me gêne
Je fais au mieux pour que tu le comprennes
Sans le dire

Tu dis que tu n'es pas
La fille qu'on connaît
Et que tu mens parfois
Mais j'ai touché du doigt
Un bout de vérité
Dessous ton haut de soie

Sans le <u>dire</u>
J'emmène tout ce que je peux de bons souvenirs
Sans le <u>dire</u>
Je saigne
Et te le dire
Me gêne
Je fais au mieux pour que tu le comprennes
Sans le <u>dire</u>
Avant l'envol je vole des bouts de toi
Et ce que tu donnes me donne le goût de toi

Sans le dire
J'emmène tout ce que je peux de bons souvenirs
Sans le <u>dire</u>
Je saigne
Et te le <u>dire</u>
Me gêne
Je fais au mieux pour que tu le comprennes
Sans le <u>dire</u>
Sans le <u>dire</u>
Je t'aime

Chanson de l'auteur-compositeur-interprète Vianney Bureau

Synonymes et nuances de sens

Pour éviter les répétitions dans un texte, il faut avoir recours aux synonymes. Cependant, les mots synonymes ne prennent pas entièrement le même sens et ne commutent pas dans tous les contextes. Ils peuvent se distinguer par exemple par l'intensité :

Exemple : *Une femme charmante n'est pas forcément une femme ensorcelante.*

Exercice 1

Bien que les paires de mots de cet exercice possèdent des sens qui se rapprochent, ces mots revêtent des nuances de sens. Pour faire l'exercice suivant, vous devez :

- consulter la *Banque de dépannage linguistique* qui fournit une liste d'articles expliquant les nuances sémantiques de mots employés fréquemment en cliquant sur le lien (http://bdl.oqlf.gouv.qc.ca/bdl/gabarit_bdl. asp?Th=1&Th_id=132&niveau=);
- ensuite cliquer sur l'article correspondant à la paire de mots de l'exercice;
- puis lire les articles et choisir les mots adéquats à insérer dans les phrases selon le sens.

1. N'amène ou n'apporte (Lire l'article *Apporter et amener.*)
   Même s'il est invité à un dîner partage, ce cousin _____ jamais de nourriture.

2. Gratis ou gratuit (Lire l'article *Gratis et gratuit.*)
   Le cinéphile a obtenu deux billets _____ en participant à un concours à la radio.

3. A paru ou est apparu (Lire l'article *Paraître et apparaître.*)
   Le ciel _____ (rapidement) très sombre avant que la tempête ne se déchaîne.

4. Avait lié ou avait relié (Lire l'article *Lier et relier.*)
   Dans le film, le révolutionnaire avait _____ les mains et les pieds du roi pour ne pas qu'il s'enfuie.

5. Nouveau ou neuf (Lire l'article *Nouveau et neuf.*)
   La compagnie d'informatique vient de mettre sur le marché un _____ logiciel d'application que j'installerai sur mon ordinateur _____ que j'ai acheté la semaine dernière.

6. Futur et avenir (Lire l'article *Futur et avenir.*)
   Le directeur n'arrive pas à prédire le/l'_____ de sa compagnie, mais il ne faut pas qu'il s'inquiète sur ce qui arrivera dans le/l' _____.

NOTEZ : La consultation d'ouvrages de référence simplifie la tâche de trouver des synonymes. Le dictionnaire électronique des synonymes (DES) s'avère un outil de consultation très utile. Le DES présente une liste de synonymes classés par proximité, c'est-à-dire que le premier synonyme figurant en haut de la liste est celui qui se rapprocherait le plus du mot de l'entrée.

Entrez dans le DES (http://crisco.unicaen.fr/des/) et tapez le verbe pronominal *se vanter*. Le DES propose une liste de 26 synonymes dont le verbe *se targuer* s'en rapproche le plus sémantiquement. Toutefois, il faut tenir compte que deux termes sont difficilement des synonymes dans tous les contextes et que, même si ces derniers ont des sens voisins, ils introduisent une nuance.

On peut également avoir accès aux synonymes par le portail lexical du CNRTL (www.cnrtl.fr/definition/portail) puis en cliquant sur l'onglet *Synonymie* dans la barre de menus.

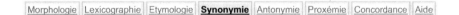

Morphologie | Lexicographie | Etymologie | **Synonymie** | Antonymie | Proxémie | Concordance | Aide

Exercice 2

Remplacez le mot ou l'expression souligné par un synonyme et faites les modifications nécessaires dans la phrase.

Exemple : *Le professeur <u>met au défi</u> les étudiants de faire une présentation au conseil municipal de la ville.*

- Consultation du DES : http://crisco.unicaen.fr/des/ ou à partir du site du CNRTL : www.cnrtl.fr/synonymie/portail.
- Tapez : mettre au défi.
- Les deux synonymes proposés sont *inviter* et *provoquer*.
- Vérifiez dans le portail lexical (onglet Lexicographie) si le synonyme *inviter* peut remplacer *mettre au défi* dans la phrase et faites les modifications nécessaires.

Exemple : *Le professeur <u>invite</u> les étudiants <u>à</u> faire une présentation au conseil municipal de la ville.*

1. La mère <u>s'inquiète</u> de l'état de santé de son fils.
2. Le conférencier a su répondre aux questions <u>difficiles</u> de ses collègues.
3. La diversité entraîne souvent <u>la dévalorisation</u> des parlers régionaux.
4. <u>Un revirement</u> subit a fait perdre la coupe à l'équipe de basketball qui se classait en première position avant le dernier match.
5. Lasse d'attendre le marin qui se présentait de temps à autre au bar, la dame, surnommée lady Chatterley, <u>se satisfit de</u> l'un des serveurs qui n'avait d'yeux que pour elle.
6. Ce repas copieux <u>a satisfait</u> la faim de l'ogre.
7. Ce n'est qu'un <u>caprice</u> dit la mère du comportement de la jeune fille qui refusait de parler à son copain.
8. Le coût des <u>denrées</u> a augmenté en raison de la sécheresse dans les régions agricoles.
9. Chaque profession présente ses <u>aléas</u>.
10. Une odeur de lavande <u>plane</u> dans la chambre.

4.2

CONNOTATION

La connotation désigne la valeurs affective (culturelle, morale, etc.) qui s'ajoute au(x) sens dénotatif(s) du mot. Cette valeur peut être commune à un ensemble de personnes selon la situation géographique, politique, etc. Un mot peut aussi revêtir une connotation particulière dans une œuvre d'un auteur. Il faut souvent connaître le contexte de production du texte pour décoder le sens du mot connoté qui ne paraît pas nécessairement dans le dictionnaire.

Exemples :

- *La servante écarlate* (*A Handmaid's Tale*, roman de Margaret Atwood)
  Connotation : un mouvement féministe aux États-Unis

- À la devise canadienne *D'un océan à l'autre* fut ajouté le segment : *et surtout, ne faites pas de vagues.*
  Connotation : le nationalisme québécois

- *Le carré rouge*
  Connotation : la grève étudiante québécoise 2012

- Expression : *Rends l'argent!*
  Connotation : un candidat aux élections présidentielles de 2017 en France

- *Un gaucher*
  Connotation : une personne maladroite

Exercice 1

Pour chacun des tableaux célèbres intemporels indiqués ci-dessous, attribuez une connotation à l'un des éléments qui le composent. Voici les étapes à suivre :

- D'abord, vous devez trouver le tableau sur l'Internet à partir de *Google Chrome images* en tapant le titre du tableau et le nom du peintre.
- Ensuite, regardez bien l'élément ou la composante de l'image du tableau indiqué.
- Puis, attribuez-y une connotation.

Exemple : Tableau *: La jeune fille à la perle* (Johannes Vermeer)
La perle : Pour moi, la perle évoque la richesse./Pour moi, la perle évoque la pureté.

1. Tableau : *Morceau de mer avec un orage surgissant* (*Seascape with Storm coming on*, William Turner)
   La dominante de jaune exprime un sentiment de … _____
2. Tableau : *Le fils de L'homme* (René Magritte)
   La pomme évoque chez moi … _____
3. Tableau : *La Vague* (Katsushika Hokusai)
   La vague suggère … _____
4. Tableau : *Le Pin* (Tom Thomson)
   Le pin produit un effet de …. _____
5. Tableau : *American Gothic* (Grant Wood)
   Pour ma part, la fourche fait référence à … _____

NOTEZ : Connotation péjorative
Même si deux mots sont sémantiquement voisins, l'un deux peut revêtir une connotation péjorative et ne pas convenir au contexte.

Exercice 2

Vérifiez le sens des mots soulignés dans le portail lexical du CNRTL (www. cnrtl.fr/definition/portail) et indiquez lequel des deux mots soulignés prend une connotation négative (péjorative – indiquée par *péj.*).

Exemples :

- *Faire **fuir** quelqu'un* ≠ *faire **courir** quelqu'un* (*péj.*, « faire perdre son temps à quelqu'un »)
- *Le premier ministre **quitte** le parlement* ≠ *le président **déserte** le parlement* (*péj.*, « abandonner (ou cesser de se rendre en) un lieu auquel se rattachent une fonction ou une tâche particulière »).

1. Un groupe d'assureurs voulait lui vendre une assurance-vie. ≠ Une meute d'assureurs voulait lui vendre une assurance-vie.
2. Les élus règleront ce problème politique entre eux en confidence. ≠ Les élus règleront ce problème politique entre eux dans les coulisses.
3. Le conférencier a employé une terminologie spécialisée. ≠ Le conférencier a employé un jargon spécialisé.

4. Elle adopte un style d'écriture <u>quintessencié</u>. ≠ Elle adopte un style d'écriture <u>alambiqué</u>.

5. Le politicien <u>a argumenté</u> contre le nouveau projet de loi. ≠ Le politicien a la réputation d'<u>ergoter</u> pour ralentir la prise de décision au gouvernement.

6. Il fait part à ses collègues de ses <u>élucubrations</u>. C'est un collègue qui se laisse souvent aller à ses <u>rêveries</u>.

7. L'immigrante doit se soumettre à certaines <u>formalités</u>. L'immigrante doit signer des <u>paperasses</u> administratives.

NOTEZ : La connotation du mot déterminera, dans une certaine mesure, les cooccurrences.

Exemple : *Être écrasé par la paperasse./Se plier à des formalités.*

4.3

COOCCURRENCE

Les cooccurrences sont les unités lexicales qui peuvent se combiner pour créer un sens dans un énoncé (noms, verbes, adjectifs et adverbes). La consultation du dictionnaire des cooccurrences en ligne permet de connaître les combinaisons de mots les plus usités. Il faut toutefois tenir compte de l'idée précise qu'on veut exprimer pour savoir quels éléments peuvent se juxtaposer[1] (nom avec un adjectif ou un verbe).

Exemple : Idée précise : exprimer le plein contentement
Le substantif *soif* = Cooccurrences : assouvir/satisfaire sa soif
Le substantif *faim* = Cooccurrences : assouvir/satisfaire/rassasier sa faim

Exercice 1

Servez-vous du dictionnaire des cooccurrences en ligne (www.btb.termium plus.gc.ca/tpv2guides/guides/cooc/index-eng.html?lang=fra) pour trouver les combinaisons) :

- Cliquez sur l'hyperlien pour entrer dans le dictionnaire.
- Tapez le nom pour voir les verbes ou expressions verbales qui peuvent l'accompagner.
- Combinez chaque verbe ou syntagme verbal de la colonne de gauche à un nom de la colonne de droite pour exprimer l'idée de « se servir de/faire preuve de ».

---

1 On emploie aussi le terme *collocation* pour indiquer spécifiquement une combinaison de mots qui exprime une idée précise.

Verbes	Noms
Appliquer	le bon sens
Faire trotter	son calme
Déployer	son charme
Exercer	la facilité
Faire appel à	son imagination
Garder	le jugement
Montrer de	lucidité
Raisonner avec	une méthode
S'abandonner à	sa raison
Se fier à	la tolérance

Exercice 2

Composez cinq phrases complexes en employant les cooccurrences de l'exercice précédent.

Exemple : *Pour obtenir de bons résultats de recherche, il faut* **appliquer une méthode** *rigoureuse de cueillette de données.*

_____

_____

_____

_____

_____

_____

_____

Exercice 3

Consultez le dictionnaire des cooccurrences en ligne et complétez les phrases suivantes en ajoutant un adjectif après le nom afin d'exprimer l'idée de grande intensité. (www.btb.termiumplus.gc.ca/tpv2guides/guides/cooc/index-eng.html?lang=fra)

1. Le bouquet _____ de ce vin m'invite à sa dégustation.
2. Ce magasin vend plusieurs vêtements de couleurs _____.
3. Un cri _____ s'échappa de sa bouche.
4. Une tempête _____ déferla sur plusieurs provinces.
5. Le jeune adolescent infligea une déception _____ à ses parents.
6. Une puanteur _____ envahit les pièces de la maison.
7. Un parfum _____ incommode les patients dans la salle d'attente.
8. Saisi d'une fièvre _____, il ne put se rendre au travail.

9. Après avoir passé la nuit blanche à terminer son essai, il a dormi douze heures d'un sommeil _____.

10. N'ayant pas répondu à l'appel à l'aide de sa voisine, il éprouve des remords _____.

Écriture créative

Exercice 1

Observez le tableau attentivement puis écrivez un petit paragraphe (5 à 10 phrases) dans lequel vous donnez votre interprétation du tableau modifié *Les Deux Sœurs (Sur la terrasse)* (Auguste Renoir, 1881). Attribuez un autre titre au tableau.

Titre : _____

_____

_____

_____

_____

_____

_____

_____

_____

_____

Exercice 2

Regardez les images des deux tableaux célèbres ci-dessous et décrivez les ressemblances et différences entre les deux portraits (chevelure, regard, yeux, sourire, posture, traits du visage, expression du visage, vêtements, etc.). Consultez le dictionnaire des cooccurrences ou le TLFI pour trouver des combinaisons de mots.
(www.btb.termiumplus.gc.ca/tpv2guides/guides/cooc/index-eng.html? lang=fra)

La Joconde (Léonard de Vinci)   Portrait de jeune homme (Raphaël)

Phrase de départ : Un jeune homme observe le visiteur du musée à la manière de la Joconde…

_____

_____

_____

_____

_____

_____

_____

Exercice 3

Veuillez lire le texte modèle ci-dessous et vous en inspirer pour rédiger un pastiche (une imitation librement adaptée). N'oubliez pas de consulter les ouvrages de référence en ligne (*TLFI* et *Dictionnaire des cooccurrences*). Vous choisissez un titre mais vous conservez les structures suivantes, provenant du texte modèle, pour décrire votre cauchemar en cinq paragraphes :

Nous étions là.… Tout à coup, … Petit à petit.… Que se passe-t-il donc?

Soudain, …

Subitement, …

La/ le.…

… Quel cauchemar!

Texte modèle

Je n'oublierai jamais …

Nous étions là, étendus somnolents sous un soleil asiatique, radieux, paisible. Tout à coup, les quelques chiens qui accompagnaient leurs maîtres sur la plage se mirent à japper comme si soudain ils craignaient l'arrivée de la mer, d'un monstre invisible. Petit à petit, les baigneurs, de plus en plus énervés, ramassent leurs effets personnels pour soudainement s'éloigner, déguerpir de la plage. Que se passe-t-il donc?

Soudain, on put apercevoir au loin un roulement, comme une marée extrêmement rapide qui s'agitait. L'inquiétude montait, la tension se crispait et la foule commençait à se déplacer, à se sauver de la mer en criant de peur et de surprise. C'est là que le monstre apparut!

Subitement, sort du large de la mer, une lame de fond gigantesque s'étendant d'une pointe à l'autre de l'horizon. J'essaie de me lever, de m'enfuir à la course, moi aussi mais me voilà cloué au sable, incapable de bouger. C'est comme si une glu me collait à la terre. Voilà mon corps totalement paralysé! Aucun mouvement possible! J'aperçois cette muraille liquide qui se cabre enragée! Les quelques baigneurs qui traînent toujours prennent les jambes à leur cou et disparaissent en hurlant de peur et de panique. La plage se vide en un rien de temps! Sauf moi, qui reste là, figé, perclus, d'une immobilité criante!

La montagne d'eau jaillit toute fluide et se déplace à une allure vertigineuse. Elle approche, elle se dresse, elle rugit, livide et éclatante, elle se courbe les reins comme un chat enragé puis elle se darde sur la plage comme une tigresse affamée! En une seconde, elle me ramasse et m'engloutit d'une gueulée. La géante monstrueuse me chambarde effrontément, me bardasse et me secoue comme une guenille. Je suis ingurgité comme Jonas dans la baleine, les oreilles me pètent de pression, le nez et la gorge me brûlent d'eau salée et de sable. Je retiens ma respiration, mes poumons veulent éclater. Je pousse ce qui devrait être un gigantesque cri de désespoir; rien ne sort! Je suis totalement abasourdi, sidéré! La mer féroce se moque de moi et s'amuse à me lancer de part et d'autre avant de m'appliquer mon coup de mort. Elle me jette comme une loque en bas de mon lit!

Je me réveille tout mouillé de sueur, encore étourdi par cette aventure ahurissante! Quel rêve horrible! Quel cauchemar!

Auteur, Joseph-Ambroise Desrosiers